上海市职业教育“十四五”规划教材

世界技能大赛项目转化系列教材

数控铣

CNC Milling

主　编◎鲁华东　庄　瑜

序

世界技能大赛是世界上规模最大、影响力最为广泛的国际性职业技能竞赛，它由世界技能组织主办，以促进世界范围的技能发展为宗旨，代表职业技能发展的世界先进水平，被誉为“世界技能奥林匹克”。随着各国对技能人才的高度重视和赛事影响不断扩大，世界技能大赛的参赛人数、参赛国和地区数量、比赛项目等都逐届增加，特别是进入21世纪以来，增幅更加明显，到第45届世界技能大赛赛项已增加到六大领域56个项目。目前，世界技能大赛已成为世界各国和地区展示职业技能水平、交流技能训练经验、开展职业教育与培训合作的重要国际平台。

习近平总书记对全国职业教育工作作出重要指示，强调加快构建现代职业教育体系，培养更多高素质技术技能人才、能工巧匠、大国工匠。技能是强国之基、立国之本。为了贯彻落实习近平总书记对职业教育工作的重要指示精神，大力弘扬工匠精神，加快培养高素质技术技能人才，上海市教育委员会、上海市人力资源和社会保障局经过研究决定，选取移动机器人等13个世赛项目，组建校企联合编写团队，编写体现世赛先进理念和要求的教材（以下简称“世赛转化教材”），作为职业院校专业教学的拓展或补充教材。

世赛转化教材是上海职业教育主动对接国际先进水平的重要举措，是落实“岗课赛证”综合育人、以赛促教、以赛促学的有益探索。上海市教育委员会教学研究室成立了世赛转化教材研究团队，由谭移民老师负责教材总体设计和协调工作，在教材编写理念、转化路径、教材结构和呈现形式等方面，努力创新，较好体现了世赛转化教材应有的特点。世赛转化教材编写过程中，各编写组遵循以下两条原则。

原则一，借鉴世赛先进理念，融入世赛先进标准。一项大型赛事，特别是世界技能大赛这样的国际性赛事，无疑有许多先进的东西值得学习借鉴。把世赛项目转化为教材，不是简单照搬世赛的内容，而是要结合我国行业发展和职业院校教学实际，合理吸收，更好地服务于技术技能型人才培养。梳理、分析世界技能大赛相关赛项技术文件，弄清楚哪些是值得学习借鉴的，哪些是可以转化到教材中的，这是世赛转化教材编写的前提。每个世赛项目都体现出较强的综合性，且反映了真实工作情景中的典型任务要求，注重考查参赛选手运用知识解决实际问题的综合职业能力和必备的职业素养，其中相关技能标准、规范具有广泛的代表性和先进性。世赛转化教材编写团队在这方面都做了大量的前期工作，梳理出符合我国国情、值得职业院校学生学习借鉴的内容，以此作为世赛转化教材编写的重要依据。

原则二，遵循职业教育教学规律，体现技能形成特点。教材是师生开展教学活动的主要参考材料，教材内容体系与内容组织方式要符合教学规律。每个世赛项目有一套完整的比赛文件，它是按比赛要求与流程制定的，其设置的模块和任务不适合照搬到教材中。为了便于学生学习和掌握，在教材转化过程中，须按照职业院校专业教学规律，特别是技能形成的规律与特点，对梳理出来的世赛先进技能标准与规范进行分解，形成一个从易到难、从简单到综合的结构化技能阶梯，即职业技能的“学程化”。然后根据技能学习的需要，选取必需的理论知识，设计典型情景任务，让学生在完成任务的过程中做中学。

编写世赛转化教材也是上海职业教育积极推进“三教”改革的一次有益尝试。教材是落实立德树人、弘扬工匠精神、实现技术技能型人才培养目标的重要载体，教材改革是当前职业教育改革的重点领域，各编写组以世赛转化教材编写为契机，遵循职业教育教材改革规律，在职业教育教材编写理念、内容体系、单元结构和呈现形式等方面，进行了有益探索，主要体现在以下几方面。

1. 强化教材育人功能

在将世赛技能标准与规范转化为教材的过程中，坚持以习近平新时代中国特色社会主义思想为指导，牢牢把准教材的政治立场、政治方向，把握正确的价值导向。教材编写需要选取大量的素材，如典型任务与案例、材料与设备、软件与平台，以及与之相关的资讯、图片、视频等，选取教材素材时，坚定“四个自信”，明确规定各教材编写组，要从相关行业企业中选取典型的鲜活素材，体现我国新发展阶段经济社会高质量发展的成果，并结合具体内容，弘扬精益求精的工匠精神和劳模精神，有机融入中华优秀传统文化的元素。

2. 突出以学为中心的教材结构设计

教材编写理念决定教材编写的思路、结构的设计和内容的组织方式。为了让教材更符合职业院校学生的特点，我们提出了“学为中心、任务引领”的总体编写理念，以典型情景任务为载体，根据学生完成任务的过程设计学习过程，根据学习过程设计教材的单元结构，在教材中搭建起学习活动的基本框架。为此，研究团队将世赛转化教材的单元结构设计为情景任务、思路与方法、活动、总结评价、拓展学习、思考与练习等几个部分，体现学生在任务引领下的学习过程与规律。为了使教材更符合职业院校学生的学习特点，在内容的呈现方式和教材版式等方面也尝试一些创新。

3. 体现教材内容的综合性

世赛转化教材不同于一般专业教材按某一学科或某一课程编写教材的思路，而是注重教材内容的跨课程、跨学科、跨专业的统整。每本世赛转化教材都体现了相应赛项的综合任务要求，突出学生在真实情景中运用专业知识解决实际问题的综合职业能力，既有对操作技能的高标准，也有对职业素养的高要求。世赛转化教材的编写为职业院校开设专业综合课程、综合实训，以及编写相应教材提供参考。

4. 注重启发学生思考与创新

教材不仅应呈现学生要学的专业知识与技能，好的教材还要能启发学生思考，激发学生创新思维。学会做事、学会思考、学会创新是职业教育始终坚持的目标。在世赛转化教材中，新设了“思路与方法”栏目，针对要完成的任务设计阶梯式问题，提供分析问题的角度、方法及思路，运用理论知识，引导学生学会思考与分析，以便将来面对新任务时有能力确定工作思路与方法；还在教材版面设计中设置留白处，结合学习的内容，设计“提示”“想一想”等栏目，起点拨、引导作用，让学生在阅读教材的过程中，带着问题学习，在做中思考；设计“拓展学习”栏目，让学生学会举一反三，尝试迁移与创新，满足不同层次学生的学习需要。

世赛转化教材体现的是世赛先进技能标准与规范，且有很强的综合性，职业院校可在完成主要专业课程的教学后，在专业综合实训或岗位实践的教学中，使用这些教材，作为专业教学的拓展和补充，以提高人才培养质量，也可作为相关行业职工技能培训教材。

编委会

2022 年 5 月

前　言

一、世界技能大赛数控铣项目简介

世界技能大赛数控铣项目是制造与工程技术类下设的比赛项目之一，从1995年第33届世赛开始设置此项目。我国于2011年第41届世赛首次参加数控铣项目，至今已参加五届比赛，其中我国选手在第43、44、45届世赛中实现了金牌“三连冠”。

数控铣项目是指利用数控铣床对工件进行金属切削加工的比赛项目，是以切削刀具切削材料的方式来完成工件制作的比赛。即由参赛者以给定的试题模块零件图及相关技术要求为标准，使用计算机及CAM软件编程（包括手工编程）、机内对刀装置、三轴立式数控铣床（可含有刀库）、机用平口钳安装夹持工件在规定的时间内完成基本铣削、钻孔、铰孔、镗孔、攻丝等加工内容的实际操作比赛。项目比赛赛程3天，设3个比赛模块，每天比赛1个模块：模块一为加工2至3面的铝合金独立件（总时长255分钟，含准备时间15分钟）；模块二为加工2至3面的中碳钢批量件（总时长375分钟，含准备时间15分钟）；模块三为加工3至4面的中碳钢独立件（总时长420分钟，含准备时间15分钟）。每一个模块包括零件图、评分表等试题文件，各模块的毛坯规格、材料、加工要素、精度等级、评判点类型与数量、竞赛时间与流程等，评分标准由技术标准进行规范。具体来说，项目要求选手具备7个方面的能力，即零件识读、刀具选用、金属切削、机床操作、程序编制、工件装夹、零件检测。在技术处理中，选手须具备扎实的基本功和相应的技能水平，具有较强的学习领悟能力，良好的身体素质、心理素质及应变能力等综合素质。同时，选手须适应数控铣工的操作要求，并具有长时间、高强度站立所需的体能要求。

数控铣项目非常注重考查选手独立思考能力和综合实践能力，要求选手必须独立地在规定时间内完成编程、优化、传输、对刀、找正、加工、检测等系列工作。这不仅体现了世界技能大赛关注“零件加工效率与精度”的要求，也体现了大赛在战略上重视对人才综合能力的考查和评价，为全世界“制造”向“智造”转变提供重要的核心价值链。

二、教材转化路径

从世赛项目到教材的转化，主要遵循两条原则：一是教材编写要依据世赛的职业技能标准和评价要求，确定教材的内容和每单元的学习目标，充分体现教材与世界先进标准的对接，突出教材的先进性和综合性；二是教材编写要符合学生学习特点和教学规律，从易到难，从单一到综合，确定教材的内容体系，构建起有利于教与学的教材结构，把世赛的标准、规范融入具体学习任务之中。

根据数控铣加工流程，结合数控技术应用专业教学实际，将教材分为“识读零件图”“分析零件典型特征制定加工工艺”“建立模型与自动编程”“加工零件”“测量零件”五个模块。每个模块以任务为导向，构建一个完整的工作场景，让学生深入其中学习。

每个模块分解为若干个任务，各任务首先明确“学习目标”，由“情景任务”部分提供任务相关的信息，引导学生通过阅读、查阅、分析等活动，明确任务要求。然后，在“思路与方法”部分，引导学生一步一步思考，理清思路：为什么这么做？接着，在“活动”部分，弄清怎么做，学生可以学习到具体的操作步骤、要领与注意事项。再通过任务评价表进行“总结评价”，按照世界技能大赛的标准对完成任务的情况进行考核。在“拓展学习”部分，学生还可以获得更多的资料和信息，丰富自己，不断提升。最后，学生可以通过“思考与练习”，尝试使用学习到的知识回答问题，不断提升操作技能。

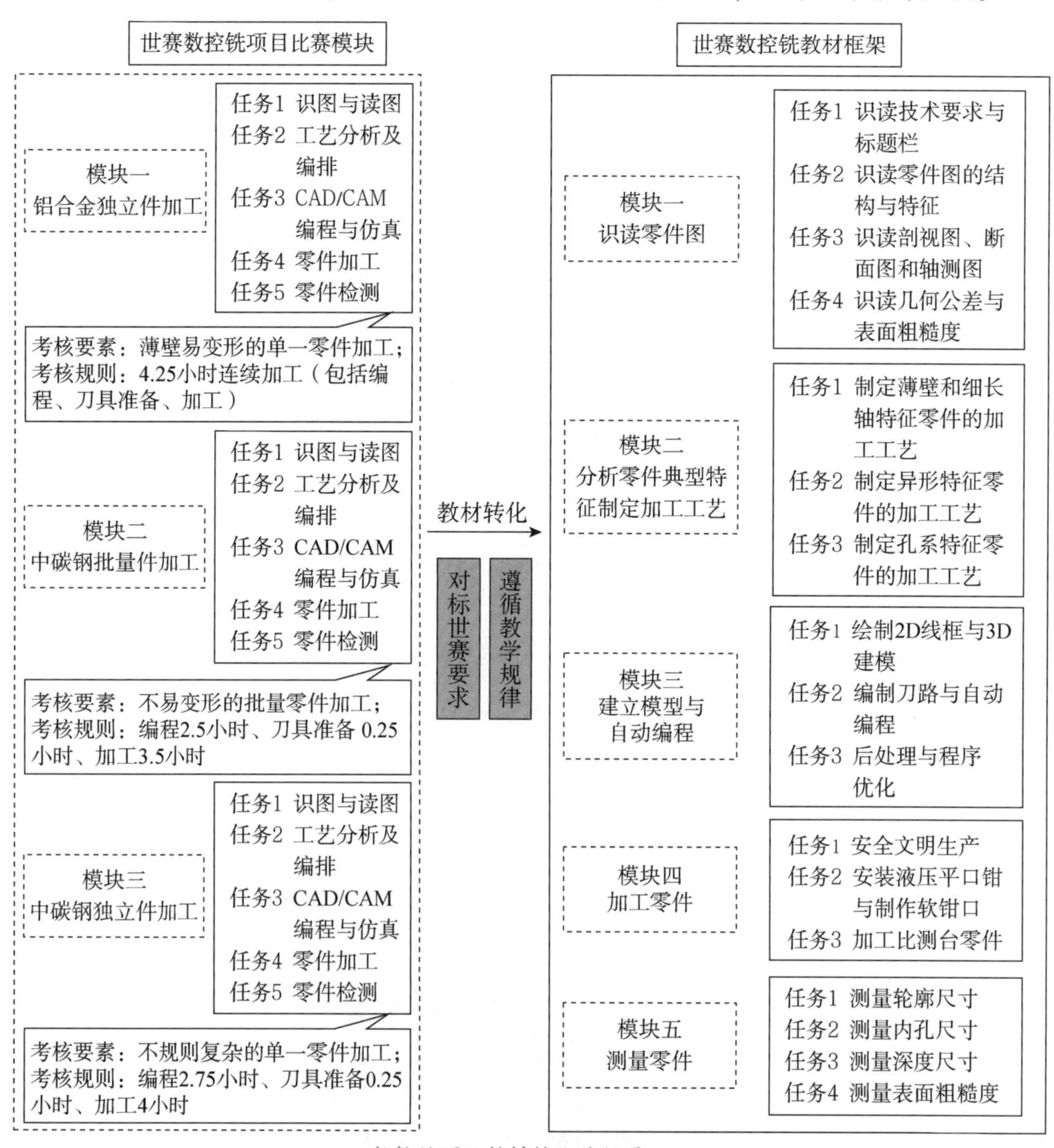

数控铣项目教材转化路径图

目 录

模块四　加工零件

模块五　测量零件

模块一

识读零件图

识读零件图是指通过识别和阅读零件图，概括了解零件，想象零件结构形状，分析视图配置，弄清尺寸要求，分析技术要求，综合看懂全图。

本模块设计了识读技术要求与标题栏，识读零件图的结构与特征（见图 1-0-1），识读剖视图、断面图和轴测图，识读几何公差与表面粗糙度四个典型学习任务，落实世界技能大赛数控铣中识读零件图的基本知识与技能。学生通过学习本模块，运用 ISO 制图标准和世赛规范，掌握零件图的识读方法。

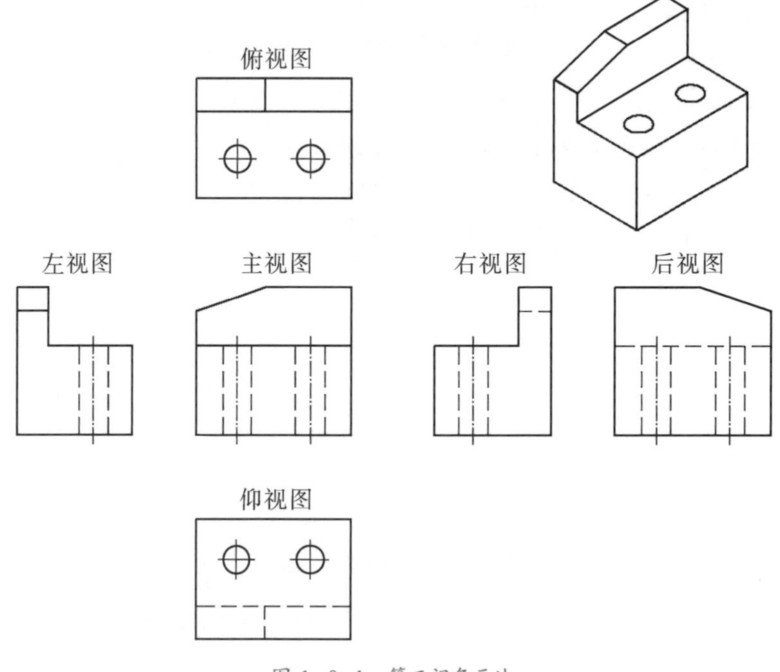

图 1-0-1　第三视角画法

任务 1 识读技术要求与标题栏

学习目标

1. 能根据零件图上的技术要求和标题栏，明确零件图的名称、材料、比例、公差要求等重要信息。
2. 能正确识读零件图中尺寸标注、常见的符号，掌握缩略词的含义，达到世界技能大赛标准中有关识读尺寸标注的要求。
3. 能明确机械零件图上常用的英语单词及短语的含义，读懂零件图中技术要求的含义，达到世界技能大赛中有关识读标题栏的要求。
4. 养成严谨细致、一丝不苟、精益求精的工匠精神以及规则意识和标准意识。

情景任务

现有一张比测台零件图（见图 1-1-1），包含内外轮廓、薄壁、细长轴、孔系等典型数控铣加工元素。作为一名数控铣工，首先要会识读零件图。请先识读零件图，读懂零件加工的技术要求、标题栏等文字信息。

想一想

零件图中技术要求与标题栏包含哪些相关信息？

提示

ISO A 为美国标准，即第三视角投影，又称为 A 法。

图 1-1-1 比测台零件图

思路与方法

当拿到零件图后，如何正确地识读零件图的技术要求及标题栏？识读的方法与步骤又是怎样的？

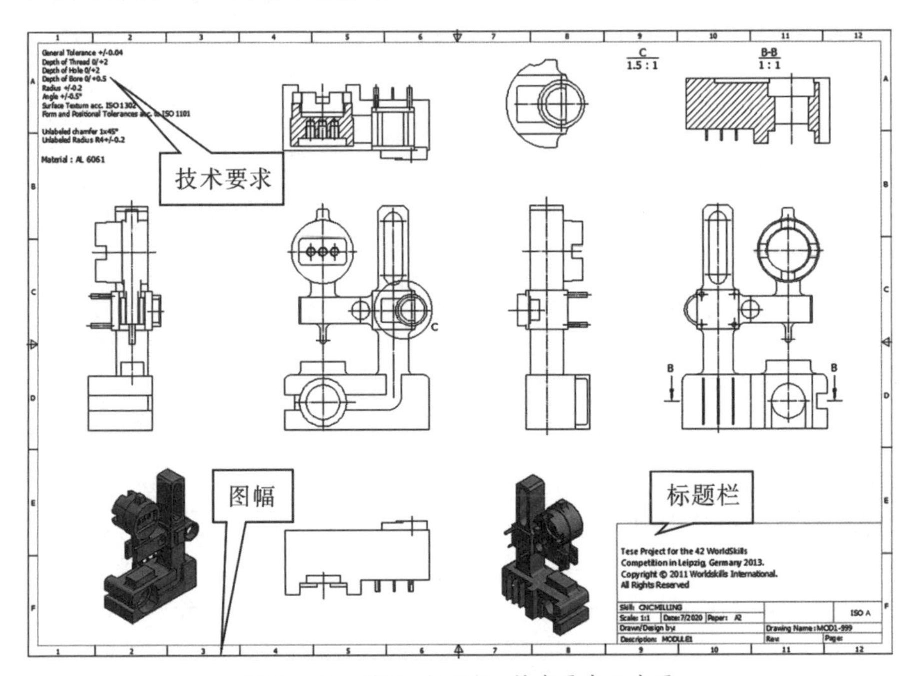

图 1-1-2　图幅、标题栏、技术要求示意图

一、什么是图纸幅面？基本幅面有哪几种？

图纸幅面，简称图幅，是指由图纸宽度与长度组成的图面，如图 1-1-2 所示。为了使图纸的幅面统一，便于装订和保管以及符合复制原件的要求，绘制零件图时，应按照规定选用图纸幅面。

国际上绘制零件图时一般优先采用的图纸基本幅面有 A0、A1、A2、A3、A4 五种，表 1-1-1 为国际公制与国际英制图纸基本幅面的对比。

想一想

作为表达零件结构、大小及技术要求的零件图，在读图之前，需要对 ISO 制图标准和世赛规范的图幅和格式有所了解，世赛一般采用有横、纵轴线编号的图幅。横、纵轴线编号有什么作用？

表 1-1-1　国际公制与国际英制图纸幅面对照

国际公制（mm）		国际英制（in）
A4	210×297	8.5″×11″
A3	297×420	11″×17″
A2	420×594	17″×22″
A1	594×841	22″×34″
A0	841×1189	34″×44″

二、为什么在识读比测台零件图时首先要识读技术要求与标题栏？

通过识读技术要求，首先可以了解零件的大小、制造方法、加工工艺特点和性能要求。识读标题栏可以了解零件的名称、材料、数量、比例等，大体了解零件的功能。

三、零件图的技术要求包括哪些要素？采取怎样的识读顺序？

1. 零件图的技术要求包括的要素

零件图的技术要求主要包含文字性的技术要求、尺寸公差、表面粗糙度和几何公差等要素，如图 1–1–2 所示。文字性技术要求主要有未注倒角的尺寸要求、未注圆角的尺寸要求、未注公差要求、零件材料等。

注意事项

零件图上的文字性技术要求通常是一些对零件的结构或工艺要求，因为这些要求无法通过符号和数字在零件图中进行标注，只能以文字的形式标注在零件图上。

2. 识读顺序

识读零件图的技术要求时，通常先识读文字性的技术要求，对零件的加工方法及特殊要求进行整体的把握。然后结合零件的视图表达，分析零件的尺寸公差，对零件的重要加工位置进行把握。最后在分析零件的结构之后，识读零件的表面粗糙度和几何公差。

想一想

你能列举几种不同的材料吗？不同材料的剖面符号有什么不同？

四、标题栏一般包括哪些信息？采取怎样的识读顺序？

零件图中，标题栏一般位于右下角，显示本零件图的相关信息，包括制图、审图、零件材料、图名等信息。

识读标题栏时，一般可以按照零件的名称、材料、绘图比例、绘图者名称和完成时间的顺序进行识读。

五、零件结构有哪些组成部分？

从几何角度看，零件大多可以看成是由若干基本体经过叠加、切割或综合等方式组合而成的（见图 1–1–3）。例如比测台这个零件按照其形体特点可分解成测量头、横梁、立柱、底座四个基本结构，方便识读，如图 1–1–4 所示。

想一想

为什么要把零件分为多个结构？这样有什么好处？

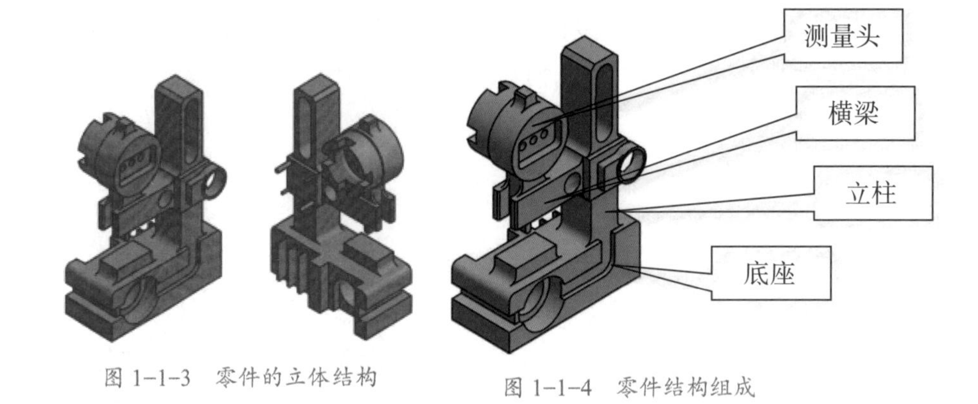

图 1-1-3 零件的立体结构　　图 1-1-4 零件结构组成

一、识读零件图中底座结构的技术要求

1. 按照零件的形体特点，比测台大致可分解为测量头、横梁、主柱和底座四部分。请在零件图中找到底座的位置，并找到底座中带有公差标注的尺寸，如图 1-1-5 所示。

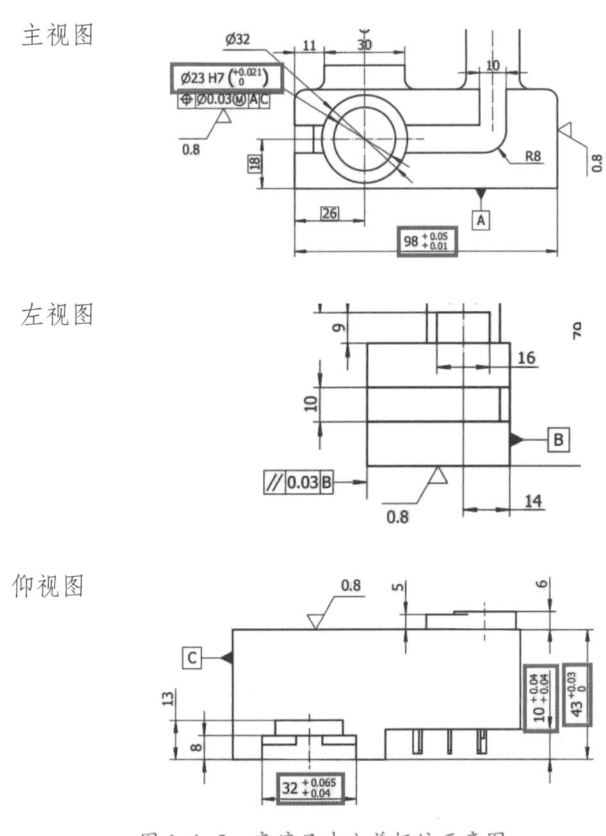

图 1-1-5 底座尺寸公差标注示意图

注意事项

尺寸公差是尺寸允许的变动量，给出了尺寸允许的变动范围。例如尺寸 Ø 23H7（$^{+0.021}_{0}$），表示该尺寸允许变动范围应在Ø23~Ø23.021之间。其中H7表示公差带代号，$^{+0.021}_{0}$ 表示此公差带代号所对应的极限偏差，可以通过查表获得。在加工过程中，应满足公差尺寸的要求。

想一想

如何通过查表获得尺寸的极限偏差？

2. 识读底座尺寸公差标注示意图中标注的表面粗糙度和形位公差等技术要求，如图 1-1-6 所示。

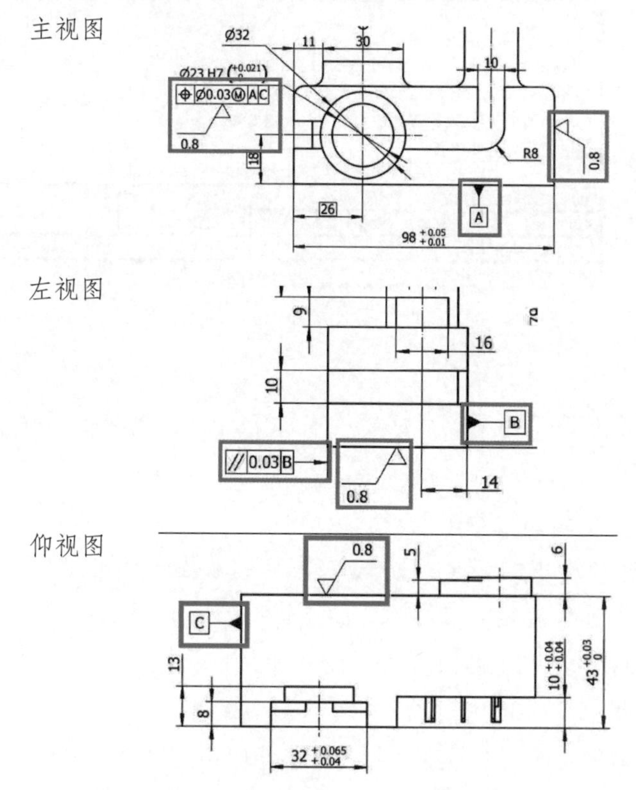

图 1-1-6　表面粗糙度等技术要求示意图

想一想

不去除材料表面粗糙度的符号是怎样的？

根据上述识读步骤，请完成识读带有公差标注的尺寸和技术要求，填写在表 1-1-2 中。

表 1-1-2　公差标注和技术要求识读记录表

带有公差标注的尺寸	

（续表）

技术要求	

二、识读标题栏

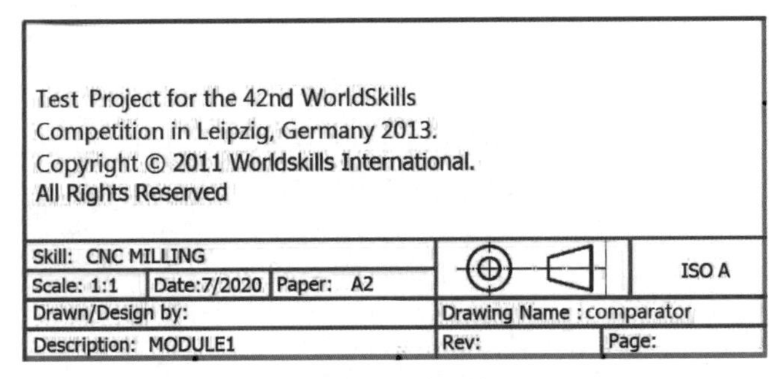

图 1-1-7　标题栏

1. 识读零件的名称

如图 1-1-7 所示，由标题栏中的 Drawing Name 可知，该零件的名称为比测台。

2. 识读绘图比例

由标题栏中的 Scale 可知，该零件的绘图比例为 1∶1。

3. 识读零件的加工方法

由标题栏中的 Skill 可知，该零件采用数控铣削的加工方法。

4. 识读零件图的图幅

由标题栏中的 Paper 可知，该零件图采用 A2 的图幅。

根据上述识读步骤，完成识读标题栏中的表达内容，填写在表 1-1-3 中。

提示

识读标题栏时，一般可以按照零件的名称、材料、绘图比例、绘图者姓名和完成时间等顺序进行识读。

表 1-1-3　标题栏识读记录表

Skill（加工方法）	
Scale（比例）	
Date（日期）	
Paper（图幅）	
Description（描述）	

（续表）

（第三视角画法）	
Drawing Name（零件图名称）	

总结评价

依据世赛评分要求，本任务的评分标准如表 1-1-4 所示。

表 1-1-4　任务评价表

序号	评价项目	评分标准	分值	得分
1	Skill（加工方法）	能正确读出加工方法——CNC MILLING（数控铣）可得满分，读错不得分	15	
2	Scale（比例）	能正确读出比例为 1：1，且能解释其正确含义可得满分，读错不得分	15	
3	Date（日期）	能正确读出绘图日期为 2020 年 7 月可得满分，读错不得分	15	
4	Paper（图幅）	能正确读出图幅为 A2 可得满分，读错不得分	15	
5	Description（描述）	能正确读出 MODULE 1（模块 1）可得满分，否则不得分	10	
6	（第三视角画法）	能正确读出第三视角画法可得满分，否则不得分	20	
7	Drawing Name（零件图名称）	能正确读出零件名称为 comparator（比测台）可得满分，否则不得分	10	

想一想

图纸中常用的比例有哪些？我们如何选择绘图比例？

拓展学习

我国图纸幅面标准执行的是中华人民共和国国家标准（GB/T14689-2008）。各种图号图纸的长边与短边的比例一致，均为 1.414213562，即 2 的平方根。

例如：A0 图纸的尺寸为 1189 mm×841 mm，A1 图纸的尺寸为 841 mm×594 mm，A2 图纸的尺寸为 594 mm×420 mm，A3 图纸的尺

寸为 420 mm×297 mm，A4 图纸的尺寸为 297 mm×210 mm 等。

以此类推，小图纸的长度等于大一号图纸的宽度，小图纸的宽度约等于大一号图纸长度的一半，如图 1-1-8 所示。

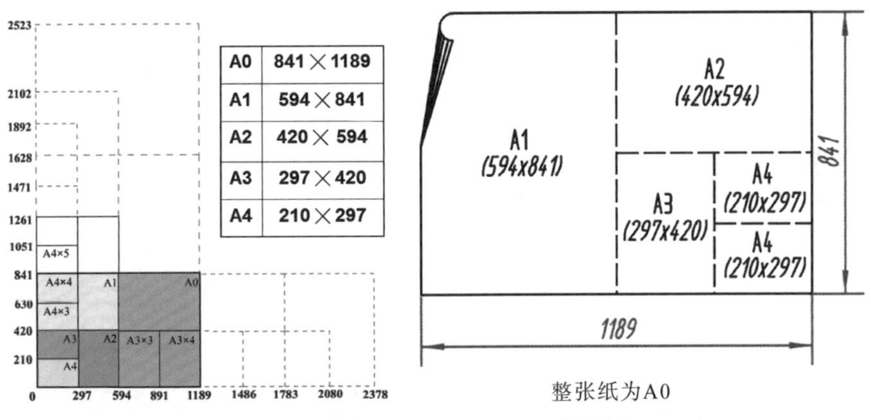

图 1-1-8　图纸基本幅面、加长幅面尺寸（单位：mm）

注意事项

必要时，可以加长图纸的幅面，但幅面的加长必须是由基本幅面的短边成整数倍增加。图 1-1-8 中粗实线所示为第一选择的基本幅面；细实线所示为第二选择的加长幅面；虚线所示为第三选择的加长幅面。

图纸的边框尺寸必须符合规定，如表 1-1-5 所示。

想一想

工程中何时选用带装订边的图纸？什么时候采用不带装订边的图纸？

表 1-1-5　图纸边框尺寸的含义（单位：mm）

幅面代号	A0	A1	A2	A3	A4
B×L	841×1189	594×841	420×594	297×420	210×297
e	20		10		
c	10			5	
a	25				

注：B×L 表示纸面宽 × 长，e 为上、下边框，c 为右边框，a 为左边框。

1. 简述识读技术要求与标题栏的步骤。

2. 请解释图 1–1–9 所示组件一技术要求的内容，将结果写在表 1–1–6 中。

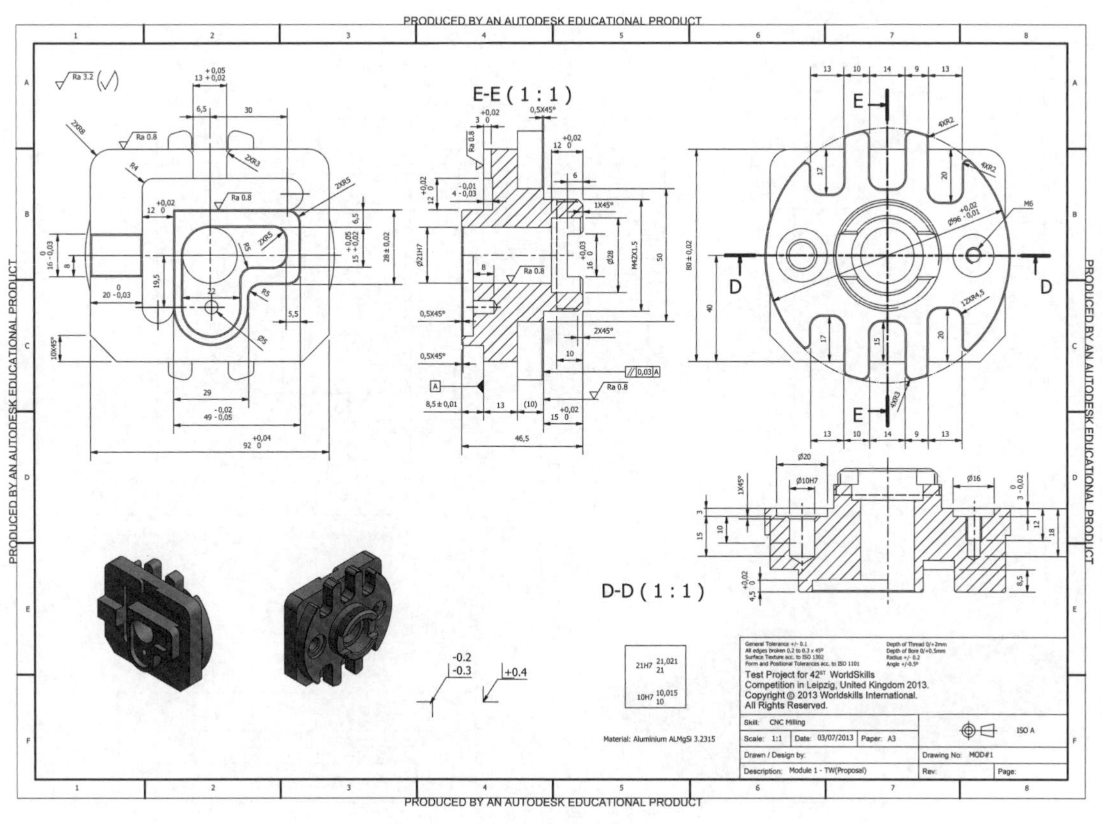

图 1–1–9　组件一

表 1–1–6　组件一技术要求解释记录表

1	General Tolerance +/− 0.14	
2	All Edges Broken 0.2 to 0.3 × 45°	
3	SurfaceTexture acc. to ISO 1302	
4	Form and Positional Tolerance acc. to ISO 1101	
5	Depth of Thread 0/+ 2 mm	
6	Depth of Bore 0/+ 0.5 mm	
7	Radius +/− 0.2	
8	Angle +/− 0.5°	

想一想

在这张零件图中技术要求涵盖哪些内容？

3. 技能训练：请分析图 1-1-10 所示组件二标题栏中包含的内容，将分析结果写在表 1-1-7 中。

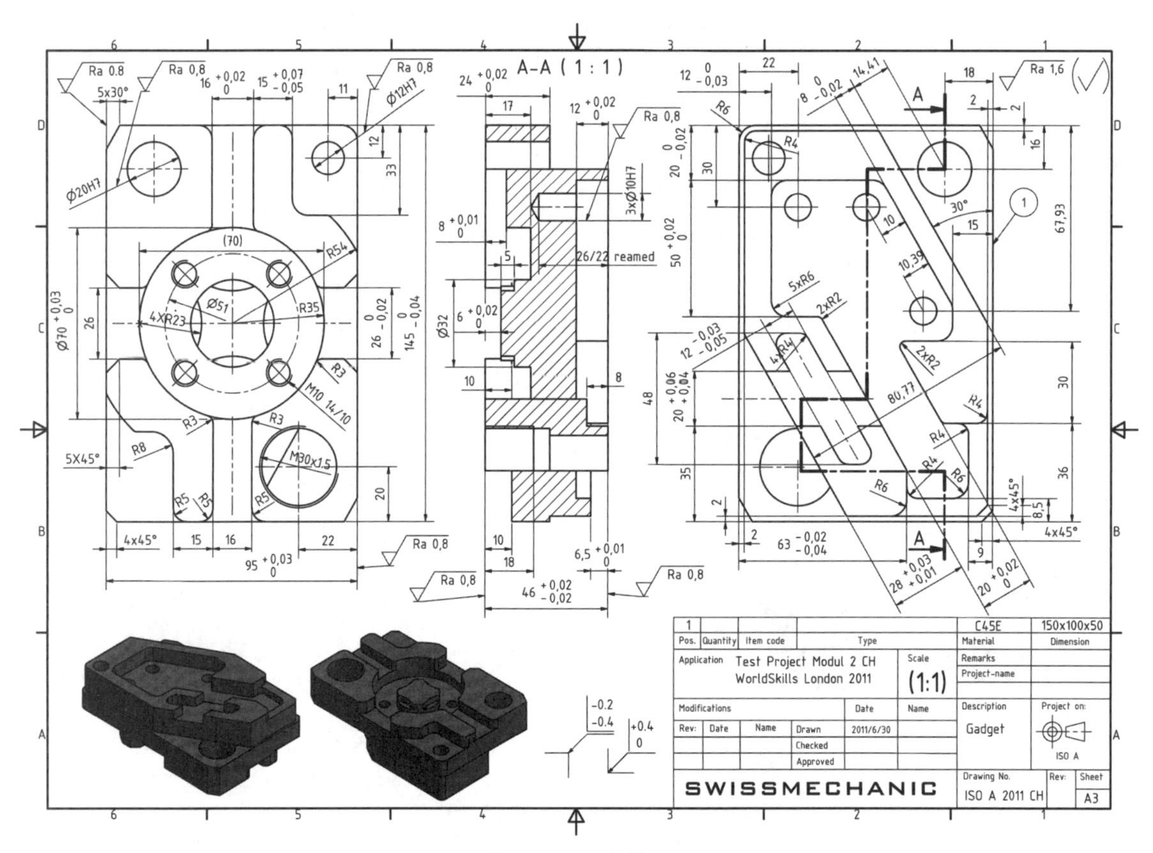

图 1-1-10 组件二

表 1-1-7 组件二标题栏分析结果记录表

Scale（比例）	
Date（日期）	
Paper（图幅）	
（第三视角画法）	
Material（材料）	
毛坯尺寸	

想一想

在这张零件图中，标题栏的识读顺序是什么？

任务2　识读零件图的结构与特征

学习目标

1. 能应用第三视角画法的投影规律，学会视图展开方法，明确第一视角画法和第三视角画法的主要区别。
2. 能通过分析视图表达方案，明确各视图的方位关系，读懂零件图，想象出零件的立体结构。
3. 能识读零件尺寸及技术要求。
4. 能分析零件图中的特殊结构，如零件上倒角、细长轴、沉孔、薄壁等结构特征的表达方法和注法。
5. 养成严谨细致、一丝不苟、精益求精的工匠精神以及规则意识和标准意识。

情景任务

前一个任务完成了识读比测台零件图技术要求及标题栏，接下来要通过识读第三视角画法的零件图，读懂零件图中底座的结构，如图1-1-1所示，分析视图，想象形状，分析尺寸精度，描述零件加工要素的特点，并进行综合归纳，为后续操作做准备。

思路与方法

世界各国都采用正投影法来绘制机械零件图。国际标准中规定，第一视角画法和第三视角画法在国际交流中都可以采用。中国、俄罗斯、英国、德国和法国等国家采用第一视角画法；美国、日本、澳大利亚和加拿大等国家采用第三视角画法。那么什么是第三视角画法？第三视角画法和第一视角画法有何不同？

想一想

为什么在加工零件时要满足尺寸精度要求？尺寸超差会产生什么现象？

一、什么是第三视角画法？

第三视角画法是将物体放在第三象限内，采用观察者—投影面—物体的位置关系进行正投影，并获得视图的过程，原理如图 1-2-1 所示。

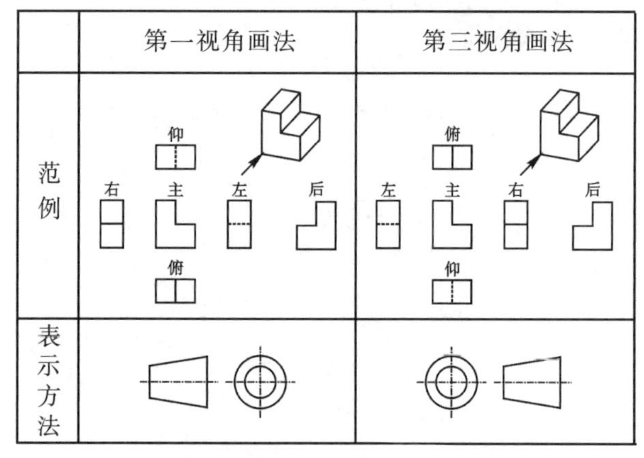

图 1-2-1　第一视角画法与第三视角画法投影原理

简言之，第三视角投影的特点是左视图在主视图的左侧，右视图在主视图的右侧，俯视图在主视图的上方，仰视图在主视图的下方，如图 1-2-2 所示。

想一想

第三视角画法和第一视角画法中基本视图的配置有什么不同？

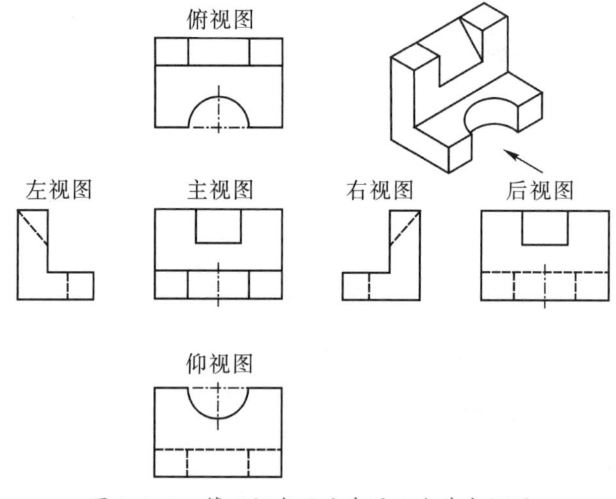

图 1-2-2　第三视角画法中的六个基本视图

二、如何区别第三视角画法和第一视角画法在表达方法上的不同？

如图 1-2-3 所示，图（a）所示的局部视图，我国国家标准规定当局部视图所表达的图形具有完整的封闭外形轮廓时，其视图中的波浪线可省略不画，而第三视角画法需要绘制波浪线。

图（b）所示的局部视图，我国国家标准规定，对于采用“对称画法”的局部视图，其对称轴须用专门的符号作标记，而第三视角画法可以省略任何标记。

图（c）和（d）所示的局部剖视图及断开画法中的断裂边界线，我国国家标准规定采用细线，而第三视角画法所采用的是粗线。

对于打断区域特别长的零件，第三视角画法规定用图（e）所示的断开画法，其断裂线可用双折线、三折线甚至是多折线表示。

第三视角画法中，线宽分粗、中等、细三种，图（f）所示的孔轮廓虚线线宽采用的是中等线宽，图（g）所示的表示断裂痕迹的波浪线线宽三种情况都可使用。

想一想

掌握了这些视图表达方法之后，在具体零件图中出现这些视图时，你还能认得出来吗？看图时一定要注意观察线型的变化。

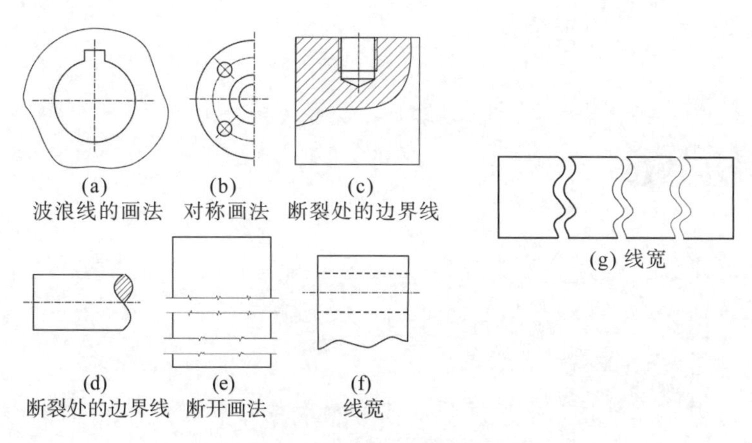

图 1-2-3　第三视角画法的视图表达

在具备空间想象能力的基础上，从第一视角和第三视角画法的投影关系思考，认知视图投影。结合第三视角画法中的辅助视图、旋转视图、剖视图等表达方法，读懂零件的结构。

三、识读第三视角画法的视图采用什么步骤？

1. 观察视图配置

首先了解各视图的名称及相互关系，如果是剖视图和断面图，找出剖切位置，了解每个视图重点表达的内容。

2. 识读结构形状

运用形体分析法，详细识读出零件各组成部分的结构形状。看懂零件的内外部结构形状是看懂零件图的主要目的之一。分析视图，想象零件的形状。从基本视图看懂零件的主体结构形状，结合局部视图、斜视图以及断面图等表达方法，看懂零件的局部结构形状，最后根据相互位置关系综合想象出整体结构形状。

3. 识读零件的尺寸

尺寸是零件图上的重要内容之一，是制造零件的直接依据。尺寸标注必须满足正确、齐全、清晰和合理的要求。在没有特殊说明的情况下，零件图上的尺寸是零件的最后完工尺寸。识读零件图的尺寸包括识读基准及各组成部分的定形、定位和总体尺寸。

4. 细读零件的技术要求

细读零件图中标注的尺寸公差、表面粗糙度和形位公差等技术要求，弄清它们的含义，分析为什么会有这样的要求。此外，还须识读技术要求中的相关内容。

提示

可以结合第一视角画法的视图表达及标注方法，来理解第三视角画法的相关规律。

5. 归纳总结

综合归纳出零件的结构、形状特点、尺寸大小以及制造和加工要求，对零件有一个全面的认识。

请识读第三视角画法的比测台视图中底座和横梁的结构、尺寸，如图 1–1–1 所示。

1. 观察视图配置

仔细观察零件图，不难发现底座和横梁的结构与尺寸在主视图、仰视图、右视图、左视图、后视图及 B–B 全剖视图中有体现。

2. 想象底座和横梁的结构形状

底座和横梁的基本体是四棱柱，经过一系列切割、叠加立板等结构形成底座这一组合体。对于每一个部分，须结合各视图综合分析，构建立体结构。底座和横梁结构的构建如图 1–2–4、1–2–5 所示。

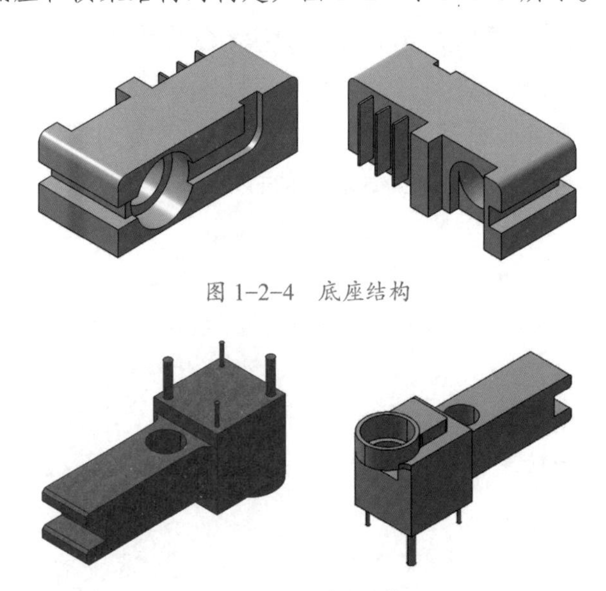

图 1–2–4　底座结构

图 1–2–5　横梁结构

3. 识读底座的尺寸

了解底座的结构之后，接着须结合零件图上的尺寸标注来识读每一部分结构的具体尺寸，如表 1–2–1 所示。

4. 识读横梁的尺寸

了解横梁的结构之后，试着结合零件图上的尺寸标注来识读横梁的尺寸，如表 1–2–2 所示。

想一想

剖切平面有哪几种类型？

表 1–2–1　读得的底座各部分尺寸

（1）识读底座的定形、定位尺寸 底座上的定形、定位尺寸分别为 98、43、36、10、46，底板上倒角值在左上角 Unlabeled Radius R4 +/– 0.2	
（2）识读底座上圆柱孔的定形、定位尺寸 圆柱孔的定形、定位尺寸为 Ø32、Ø23 和 12	
（3）识读底座上正面槽的定形、定位尺寸 底座上槽的定形、定位尺寸为 18、10、R8，槽深尺寸为 B–B 全剖视图中的 3	
（4）识读底座上侧面槽的定形、定位尺寸 底座上槽的定形、定位尺寸为 10、7，槽从前向后贯穿	
（5）识读底座上反面槽的定形、定位尺寸 底座上槽的定形、定位尺寸为 Ø32，槽深尺寸为仰视图中的 8	
（6）识读底座上三个立板的定形、定位尺寸 三个立板的定形、定位尺寸为 8、20、1、24	

想一想

在分析零件结构时，应该如何更好地联系多个视图进行分析？

表 1-2-2　读得的横梁各部分尺寸

（1）识读横梁的定形、定位尺寸，分别为 18、26、22、28、98、26、28	
（2）识读横梁上槽的定形、定位尺寸，分别为 8、16 和 15	
（3）识读横梁上圆柱孔的定形、定位尺寸，分别为 Ø12 和 22	
（4）识读横梁上凸起结构的定形、定位尺寸，分别为 16、20、Ø21、28、9	
（5）识读横梁上槽结构的定形、定位尺寸，分别为 Ø18、R7、15、9	
（6）识读横梁上圆角的尺寸：R4	
（7）识读横梁上倒角的尺寸：C1	

（续表）

（8）识读横梁上立柱的定形、定位尺寸，分别为Ø1.5、Ø3、13、8	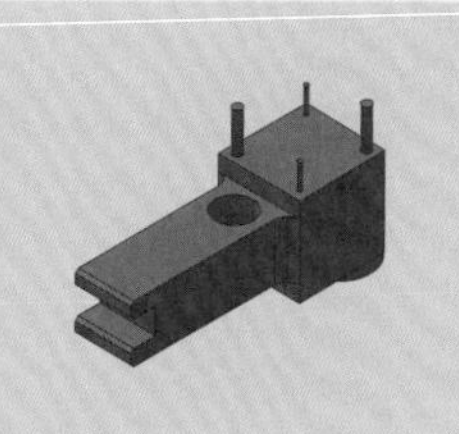

注意事项

零件的结构与特征的基本形体经过叠加、切割后，形体的相邻表面之间可能形成平齐、不平齐、相切、相交四种关系。

依据世赛评分要求，本任务的评分标准如表 1–2–3 所示。

想一想

通过识读底座与横梁，是否掌握了世赛的相关识读要求？

表 1–2–3　任务评价表

序号	评价项目	评分标准	分值	得分
1	底座	观察底座的视图配置，能分析出完整的视图配置得满分，少一个视图或错一个视图扣 5 分	15	
2		想象底座的结构形状，分析它是由基本体经过怎样的叠加或切割而形成的，步骤正确得满分，少一个步骤扣 5 分	15	
3		识读底座上各结构的定形尺寸，尺寸完全正确得满分，漏一个尺寸或错一个尺寸扣 3 分	10	
4		识读底座上各结构的定位尺寸，尺寸完全正确得满分，漏一个尺寸或错一个尺寸扣 3 分	10	
5	横梁	观察横梁的视图配置，能分析出完整的视图配置得满分，少一个视图或错一个视图扣 5 分	15	
6		想象横梁的结构形状，分析它是由基本体经过怎样的叠加或切割而形成的，步骤正确得满分，少一个步骤扣 5 分	15	

（续表）

序号	评价项目	评分标准	分值	得分
7	横梁	识读横梁上各结构的定形尺寸，尺寸完全正确得满分，漏一个尺寸或错一个尺寸扣 3 分	10	
8		识读横梁上各结构的定位尺寸，尺寸完全正确得满分，漏一个尺寸或错一个尺寸扣 3 分	10	

第三视角画法中的螺纹表示法通常有两种，分别是简化画法、示意画法。在零件图中，一般只采用一种表示方法，但如果有特别需要时，两种表示方法可同时采用。

提示

在绘制螺纹时，请使用正确的线型。

一、简化画法

除了需要详细表达的场合之外，对圆柱和圆锥 V 型螺纹、梯形螺纹、锯齿形螺纹以及其他形式的螺纹推荐采用简化画法，如图 1–2–6 所示。

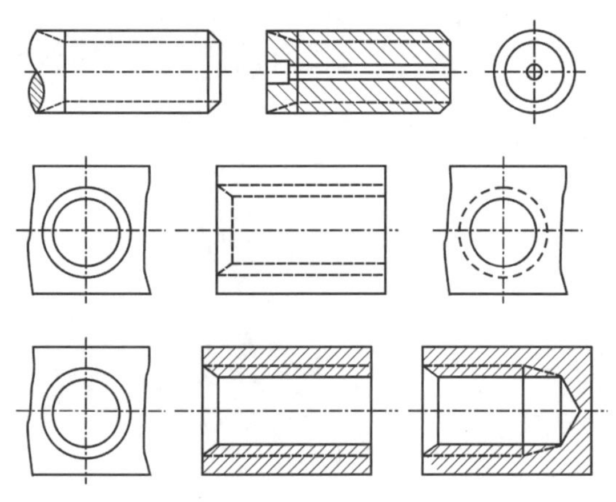

图 1–2–6　螺纹的简化画法

二、示意画法

想一想

第一视角画法中的螺纹是怎样表达的？

示意画法与详细表示法效果基本一致，但更容易绘制。短粗和细长相间隔的线象征着螺纹的牙底和牙顶，它们可垂直于螺纹的轴线或与轴线略有倾斜成螺旋升角。这种画法不适用于不可见的内螺纹或剖视的外螺纹，如图 1–2–7 所示。

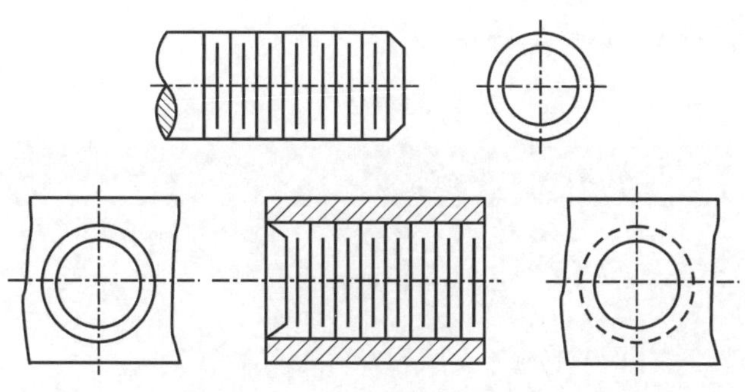

图 1-2-7　螺纹的示意画法

想一想

识读组件一的结构有哪些技巧？

1. 简述识读零件图中各结构的步骤。

2. 分析图 1-2-8 所示的视图，说出每个视图的名称及表达方式。

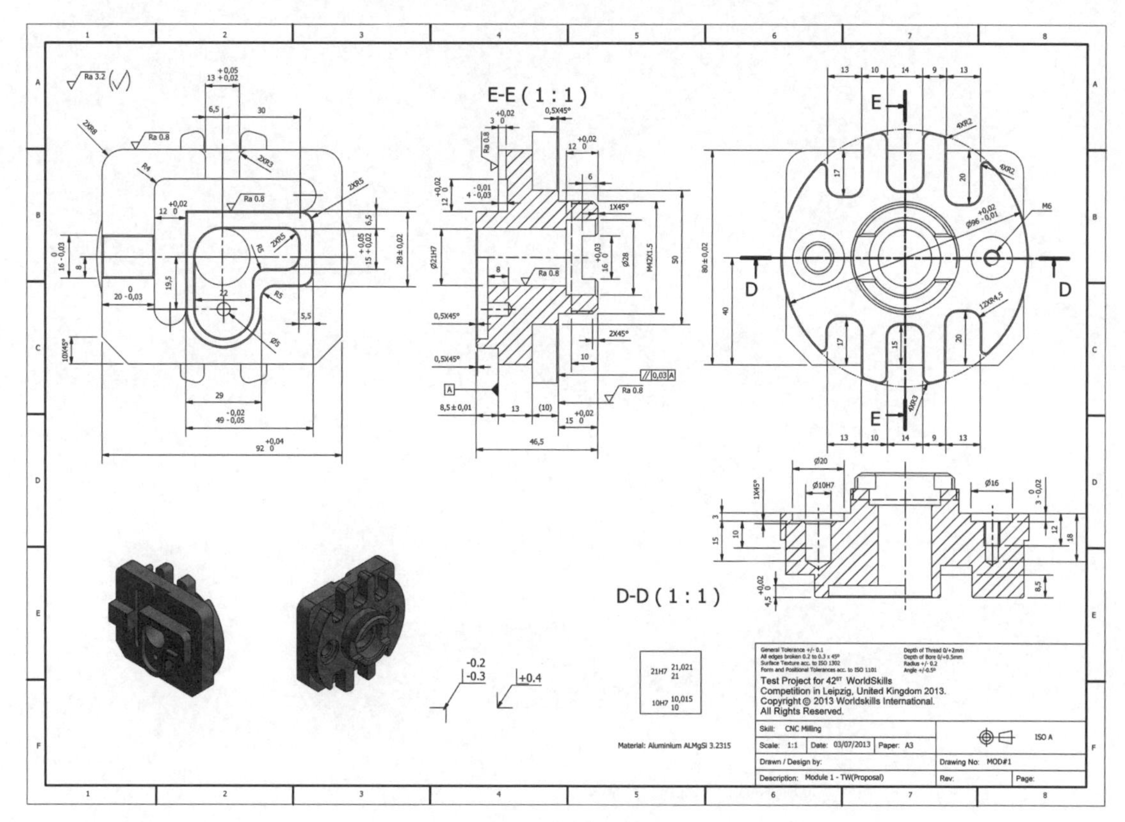

图 1-2-8　组件一

视图名称：______________________________

视图表达方式：___________________________

3. 技能训练：识读立柱结构，填写在表 1-2-4 中。

表 1-2-4　立柱结构识读记录表

	识读内容	识读结果
1	观察立柱视图配置	
2	想象零件结构形状	
3	识读立柱零件的尺寸	
4	细读零件技术要求	

任务3　识读剖视图、断面图和轴测图

学习目标

1. 能分析第三视角投影法中的辅助视图、局部视图的视图配置及标注。
2. 能分析第三视角投影法中剖视图和断面图的视图配置及标注。
3. 能分析第三视角投影法中轴测图，构想三维模型。
4. 养成严谨细致、一丝不苟、精益求精的工匠精神以及规则意识和标准意识。

情景任务

前一个任务中已经学会了第三视角投影的表示方法，但零件的某些特征用六个视图还不能完全表达清楚，可能还须通过识读剖视图、断面图和轴测图来获得。请结合零件图，仔细探索怎样识读剖视图、断面图和轴测图。

思路与方法

第三视角投影法中，除了基本视图，还可以配以辅助视图，将零件的特征表达清楚。有的需要局部放大才能更清晰，有的需要剖切开来才能看清楚。

想一想

在第三视角投影中，除了基本视图还有哪些表达方法？

一、什么是局部特征？局部特征由哪些图呈现？

局部特征是指零部件中某个区域的细节特征。在零件图中，用于呈现某个局部特征的视图叫作局部视图。局部视图是将物体的某一部分向基本投影面投射所得的视图。有如下两种情况：

第一，用于表达零件的局部形状，与第一视角投影原理相同，如图1-3-1所示。

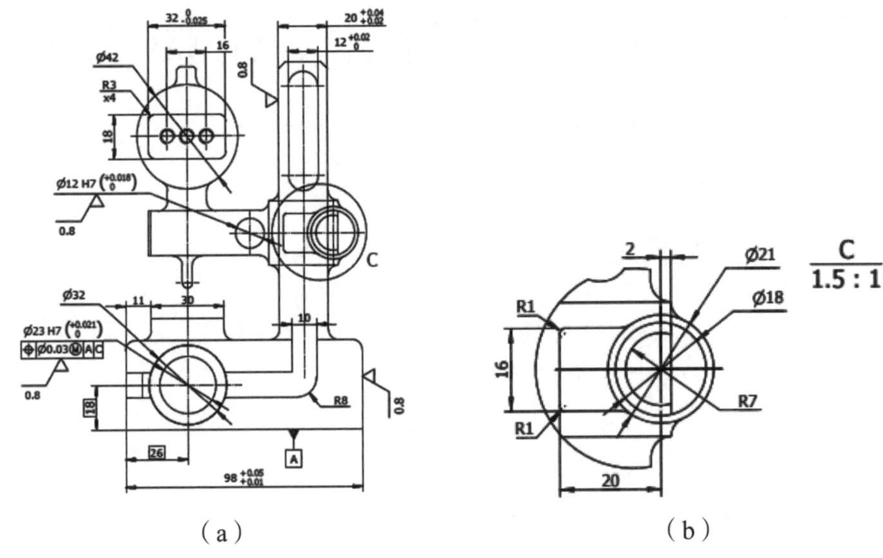

图 1-3-1　局部视图

这个局部视图对原图进行了局部放大，更有利于尺寸标注，更方便读图。其中，$\frac{\text{C}}{1.5:1}$表示放大比例为原图的 1.5 倍。

第二，局部视图的其他画法。

画局部视图时，一般可按向视图的配置形式配置（见图 1-3-2 中 A、B、C 视图），也可以按基本视图的配置形式配置，此时省略标注（见图 1-3-3）。局部视图的断裂边界用波浪线或双折线表示，如图 1-3-2 中的 B 视图所示。

提示

向视图是可自由配置的视图。绘图时应在向视图上方标注"X"（"X"为大写拉丁字母），在相应视图的附近用箭头指明投射方向，并标注相同的字母。需注意的是，第三视角投影画法向视图依旧遵循：观察者—投影面—物体的平行投影法。

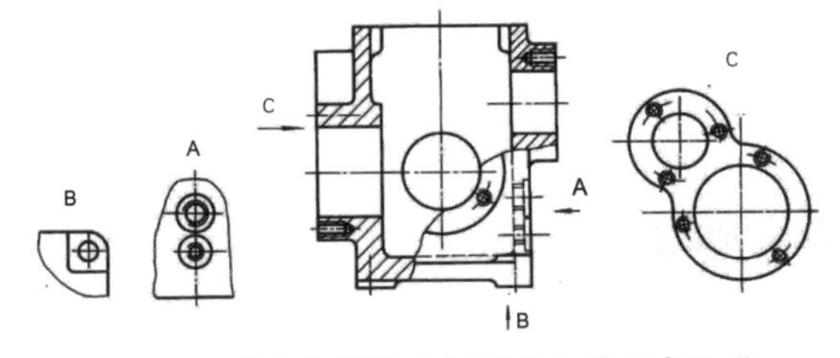

1-3-2　局部视图按向视图的配置形式配置

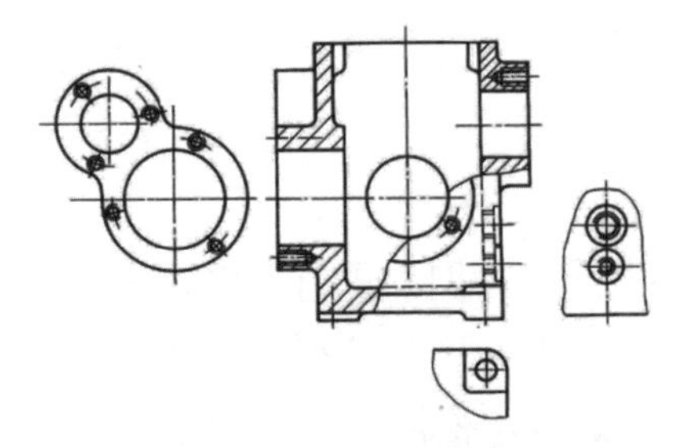

1-3-3　局部视图按基本视图的配置形式配置

注意事项

当所表示的局部结构的外形轮廓是完整的封闭图形时，断裂边界线就可省略不画。

二、什么是剖视图？

与第一视角投影法相似，当要识读内部结构复杂的零件时，最好的方法就是把它剖开。

1. 单一剖切面形成的剖视图

单一剖切面可以是平行于某一基本投影面的平面，这是最基本的剖视方法，如图 1–3–4 所示，其中 B–B 表示剖切面对应的剖视图，1∶1 表示呈现的剖视图的比例。

单一剖切面也可以是不平行于任何基本投影面的平面（斜剖切面）。采用斜剖切面所画剖视图常称为斜剖视，其配置和标注方法通常如图 1–3–5 所示。

必要时，允许将斜剖视旋转配置，但必须在剖视图上方标注出旋转符号，剖视图名称应靠近旋转符号的箭头端，如图 1–3–6 所示。

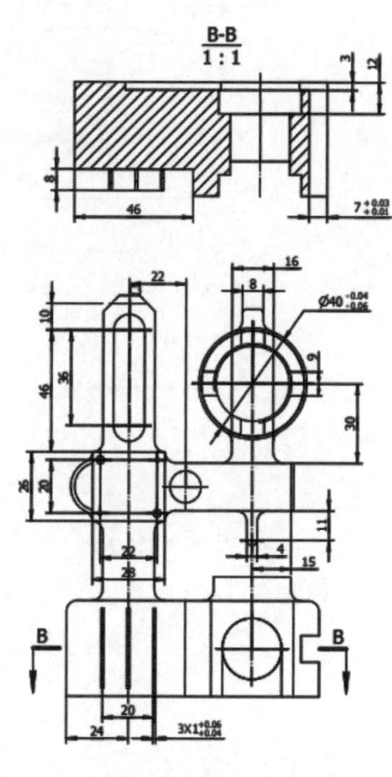

图 1–3–4　单一剖切面的剖视图

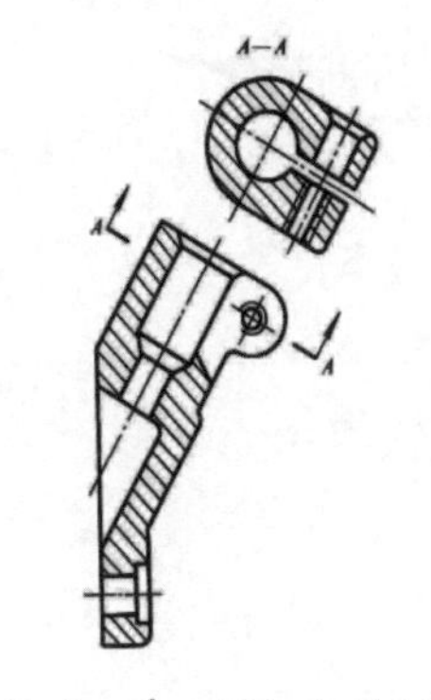

图 1–3–5　单一剖切面斜剖视图

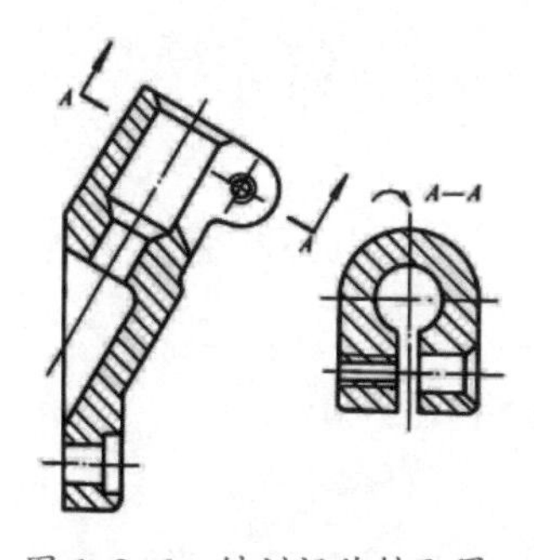

图 1–3–6　斜剖视旋转配置

提示

斜剖视旋转配置方法、标注方法与斜视图的标注方法相同。

单一剖切面还可用于柱面机件的剖切，此时剖视图应按展开的形式绘制，如图 1–3–7 所示。

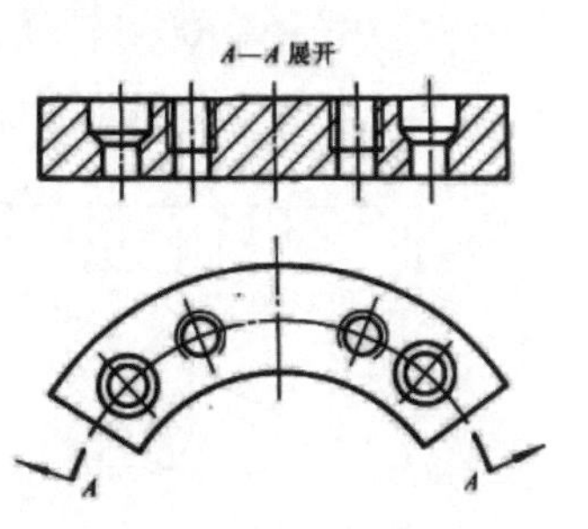

图 1–3–7　柱面剖切剖视图

2. 几个平行剖切面形成的剖视图

如图 1–3–8 所示，当采用这种方法进行剖切的时候，一定要看清楚各剖切平面的转折处。平行剖切面表达的内形不相互遮挡，在图形内也不会出现不完整的要素。

仅当剖视图需要表达的两个要素在图形上具有公共的对称中心线或轴线时，可以各画一半，此时应以对称中心线或轴线为界，如图1-3-9所示。

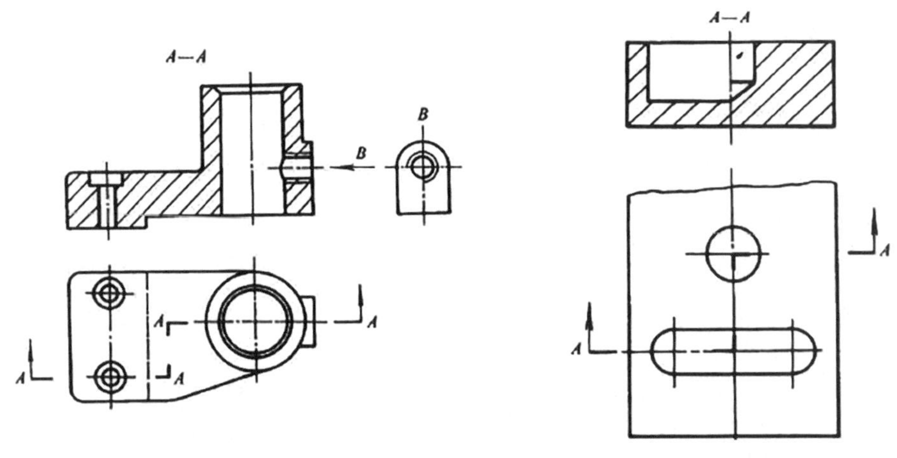

图 1-3-8　平行剖切面剖视图　　图 1-3-9　平行剖切面剖视图特殊画法

> **注意事项**
>
> 要特别注意剖切平面的转折处，搞清楚分别表达的是哪一部分的要素。

三、什么是断面图?

配合视图表达诸如肋板、轮辐、型材，以及带有孔、洞、槽的轴等结构特征时，常用断面图来表示这类常见物体结构的断面形状；与剖视图相比，在表达这些结构时，断面图更为简单。断面图可分为移出断面图和重合断面图。

1. 移出断面图

移出断面图的图形会画在视图之外，轮廓线用粗实线绘制。移出断面图应配置在剖切符号或剖切线的延长线上（见图1-3-10），断面图形对称时也可画在视图中断处（见图1-3-11）。

提示

必要时，移出断面图也会配置在其他适当位置。

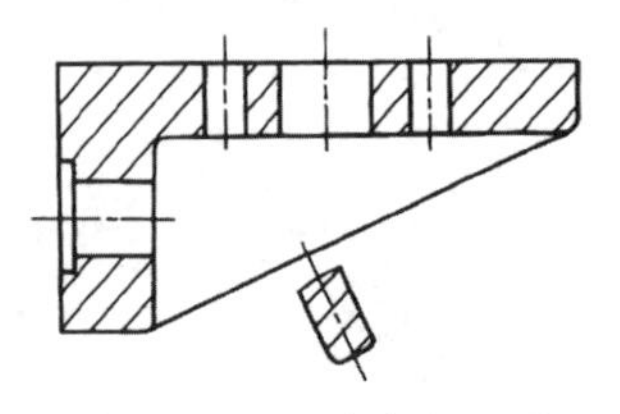

图 1-3-10　移出断面图

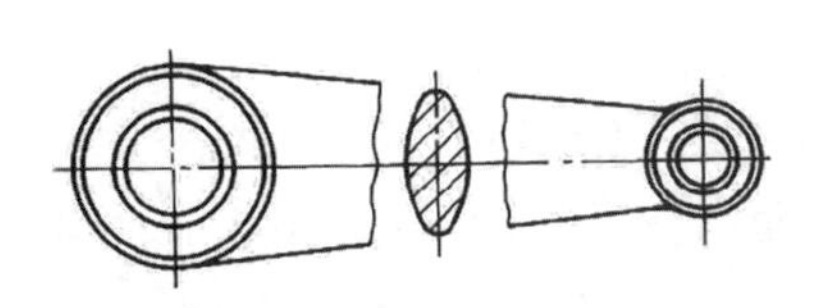

图 1-3-11　移出断面图

注意事项

在不引起误解的前提下，允许将图形旋转配置，此时应在断面图上方注出旋转符号，断面图的名称应注在旋转符号的箭头端，如图 1–3–12 所示。由两个或多个相交的剖切平面剖切机件而得到的移出断面，断面图的中间会断开，如图 1–3–13 所示。

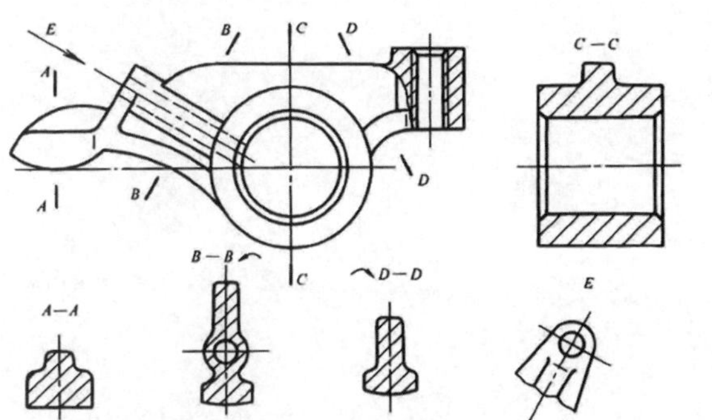

图 1–3–12　移出断面图的配置形式

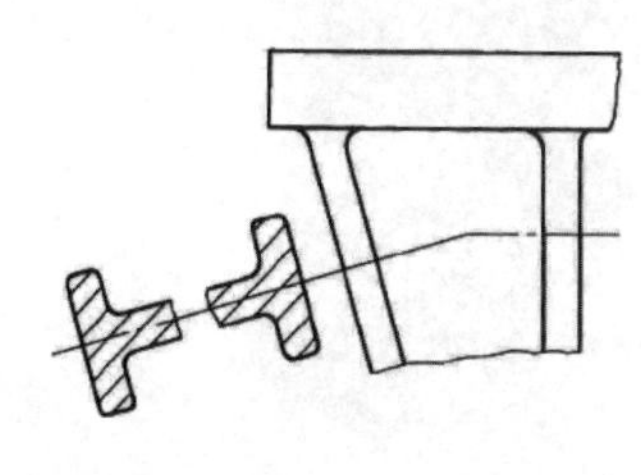

图 1–3–13　移出断面图的特殊配置形式

当剖切平面通过回转面形成的孔或凹坑的轴线时，或者通过非圆孔会导致出现完全分离的断面图形时，移出断面图会按照剖视图绘制，如图 1–3–14 所示。

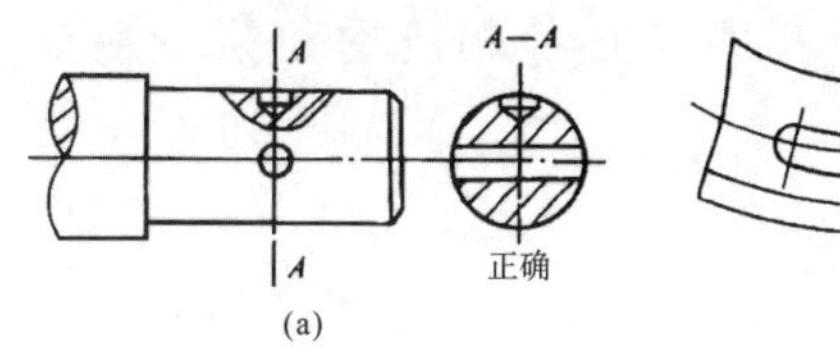

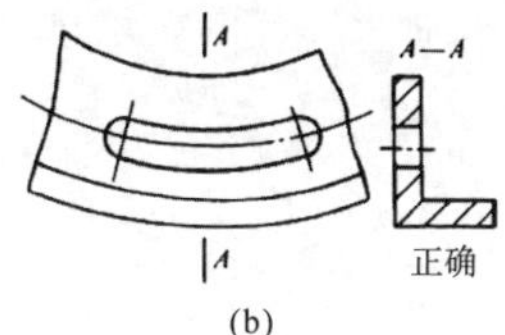

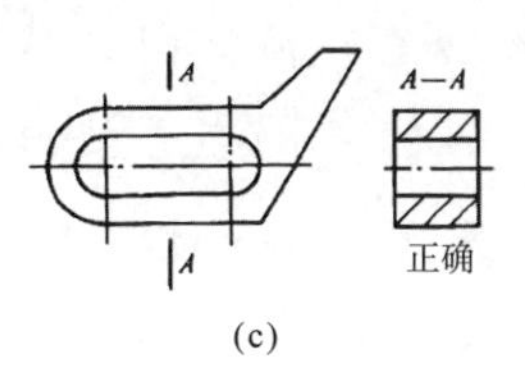

图 1–3–14　移出断面图的其他配置形式

2. 重合断面图

重合断面图的图形画在视图之内，断面轮廓用细实线绘制。当视图中的轮廓线与重合断面图的图形重叠时，视图中的轮廓线会连接画出，不间断，如图 1–3–15 所示。

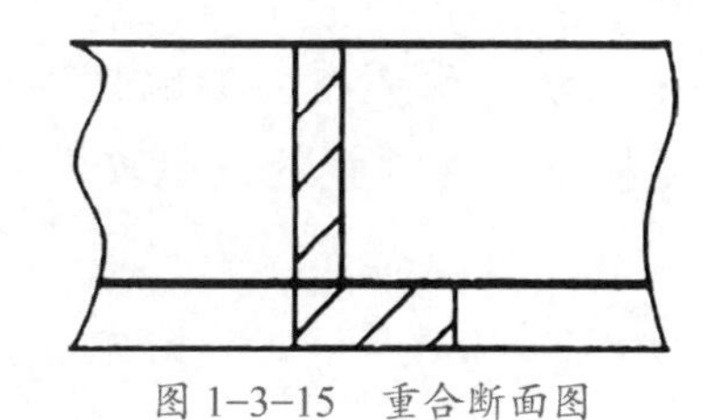

图 1–3–15　重合断面图

提示

重合断面图一律不标注。

四、什么是轴测图?

用正投影法形成的轴测图叫正轴测图。用斜投影法形成的轴测图叫斜轴测图。

第三视角画法正等轴测图的轴间角为120°，轴向变形系数都是按照1∶1来近似绘制。其正等轴测图符合轴测投影规律即可，如图1-3-16所示。

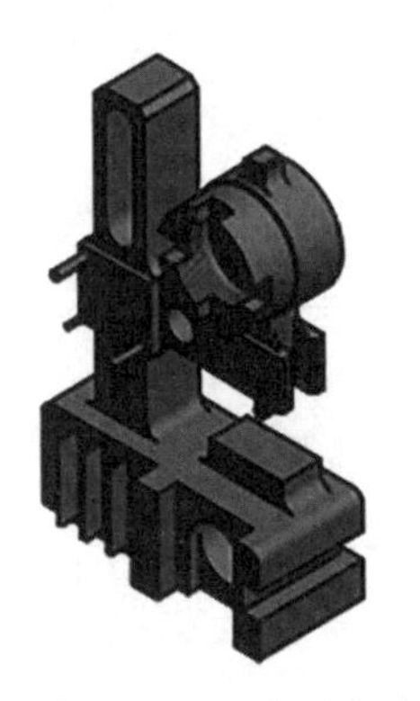

图1-3-16　比测台的正等轴测图

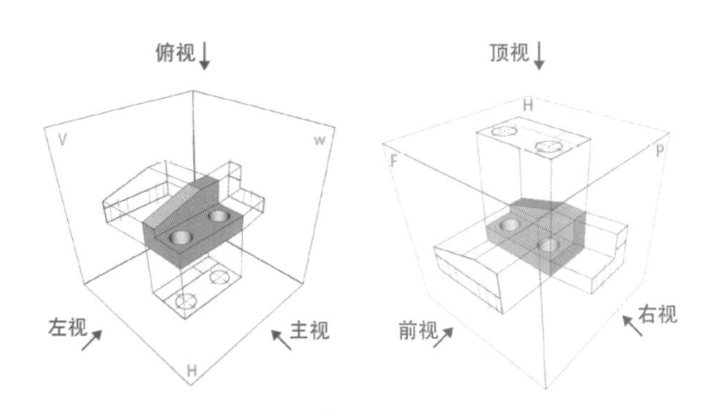

图1-3-17　第一视角投影与第三视角投影的轴测图对比

实物中与投影轴平行的轮廓线，在轴测图中仍与轴测轴平行；实物中相互平行的轮廓线，在轴测图中仍相互平行。绘制过程中要按轴向1∶1进行测量。

想一想

椭圆和圆角的画法，第一视角画法与第三视角画法有没有区别?

图1-3-17所示是对同一物体分别进行第一视角投影和第三视角投影的轴测图。从图中可以看出第三视角正等轴测图和第一视角正等轴测图在画法操作上并没有多少本质的区别，只是看图方向和投影方向不一样。

五、为什么要识读剖视图、断面图和轴测图?

因为比测台零件内部有一些不可见结构的形状，需要通过识读其剖视图、断面图和轴测图来了解其完整形状。

六、识读剖视图、断面图和轴测图的方法是怎样的?

识读剖视图时应先找到剖切线的位置，再由剖切线上标注的字母找到对应的剖视图；识读断面图时主要识读移出断面图和重合断面图；识读轴测图时要根据平面的视图来想象空间的物体。

一、识读剖视图

1. 找出剖视图。

仔细读图 1-3-18，在给定的零件图上，用铅笔圈出剖视图。

提示

识读剖视图一般从主视图开始，按照投影关系识读。

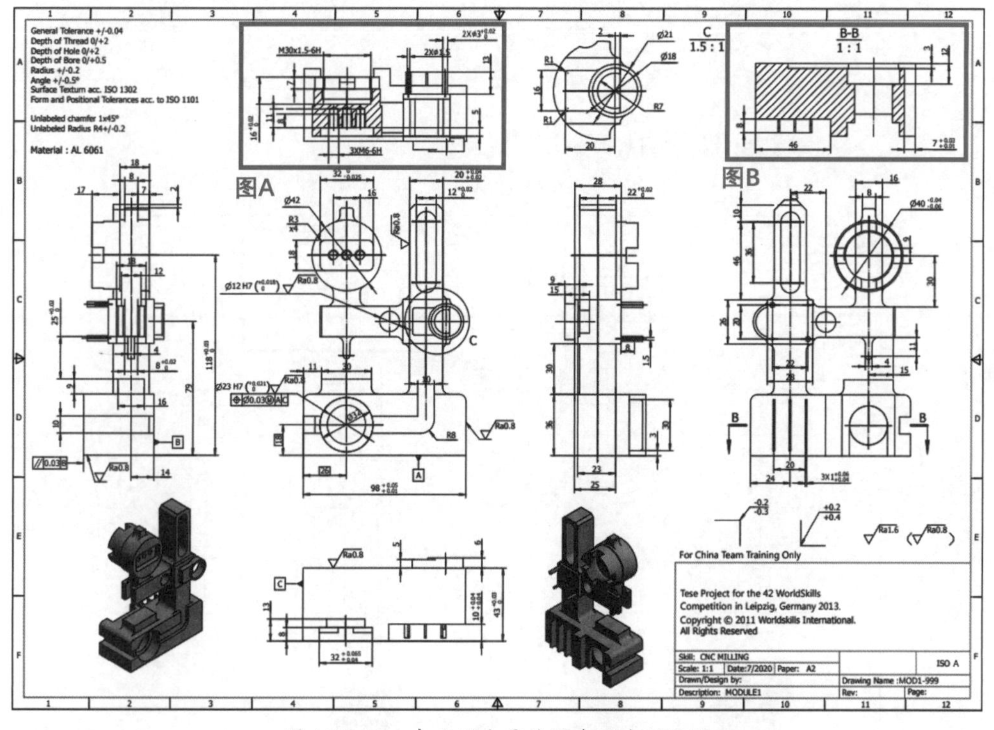

图 1-3-18　在比测台零件图中找出剖视图

2. 分析剖视图的类型，其中示意图 A 为局部视图，示意图 B 为全剖视图。

3. 识读剖视图的具体内容。

（1）找到剖切面，明确剖切的结构。

（2）读懂剖视图中的尺寸要求、精度等级，具体见表 1-3-1。

表 1-3-1　识读剖视图的具体内容

视图	视图名称	从视图中可以读取的信息
M30x1.5-6H　Ø1.5 x2　Ø3 $^{+0.02}_{0}$ x2　13　7　16 $^{+0.02}_{0}$　11　8　5　M6-6H x3	局部剖视图	剖视图对底部 3 × M6 的螺纹孔进行局部剖切表达，可以读出： 1. 螺纹底孔深为 11，螺纹有效深度为 8，螺纹中、顶径公差带代号同为 6 H，旋合长度为中等级，旋向为右旋； 2. 顶部 M30 螺纹孔，螺距为 1.5，螺纹中、顶径公差代号同为 6 H，旋合长度为中等级，旋向为右旋

（续表）

视图	视图名称	从视图中可以读取的信息
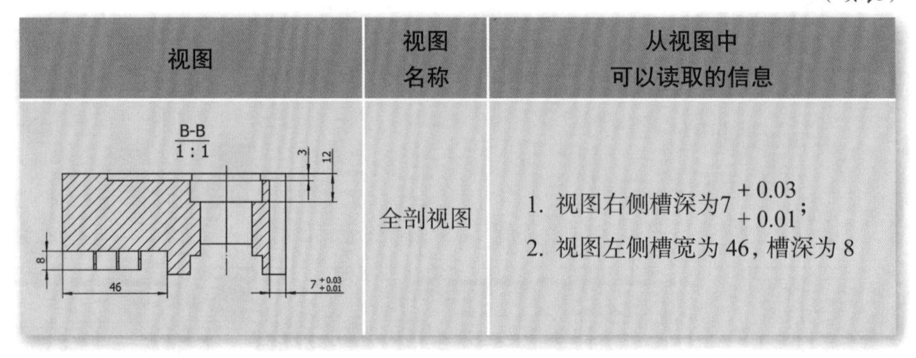	全剖视图	1. 视图右侧槽深为$7^{+0.03}_{+0.01}$； 2. 视图左侧槽宽为 46，槽深为 8

二、识读局部视图（向视图）

1. 找到图 1-3-19 中的局部视图，如示意图 C 所示。

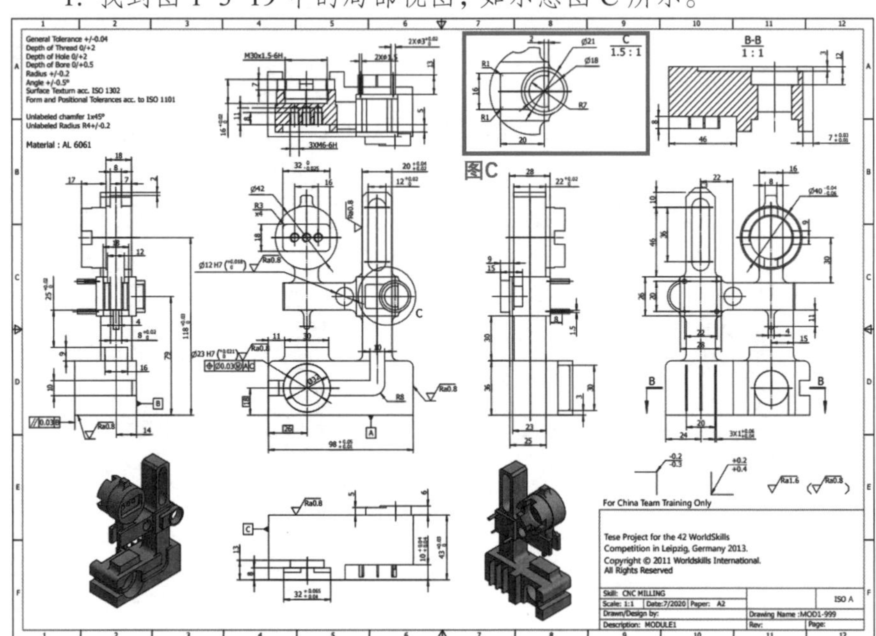

图 1-3-19　在比测台零件图中找出局部视图

> **提示**
>
> 局部视图的位置一般可按向视图的配置形式配置。

2. 读懂投影方向和放缩比例。

将主视图中 Ø18 孔的局部特征放大，放大原图 1.5 倍，该区域特征、尺寸表达更清晰准确。

3. 读懂尺寸要求，如表 1-3-2 所示。

表 1-3-2　读懂尺寸要求

视图	视图名称	从视图中可以读取的信息
C 1.5 : 1；R1 x2；2；Ø21；Ø18；16；R7；20	局部放大图	Ø21 的孔的中心由 20、16 两个尺寸定位

三、识读断面图

1. 找到断面的位置，如图 1-3-20 所示。

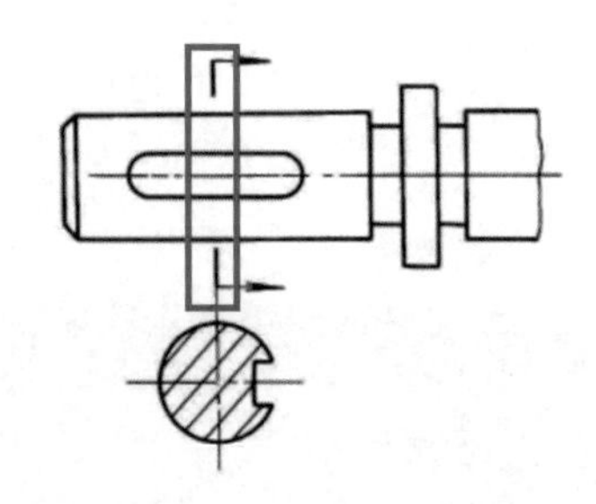

图 1-3-20　找出断面位置

2. 判断断面图的类型。

断面图为移出断面图。

3. 找到断面图，根据视图关系分析断面的形状、对应的尺寸。

可以看出断面图主要表达了键槽的深度。

提示

轴测图不一定会出现在零件图中。

四、识读轴测图

1. 找到零件图中的轴测图，如图 1-3-21 所示。

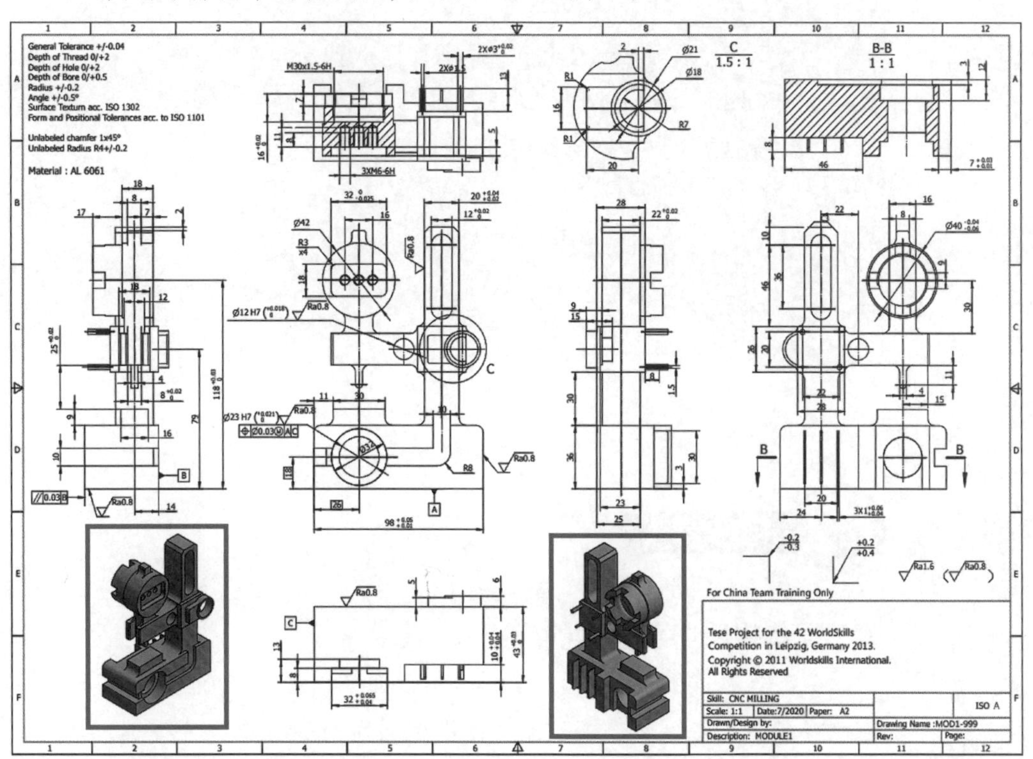

图 1-3-21　在比测台零件图中找出轴测图

2. 对照轴测图来分析每张视图，有利于看懂视图中表达比较复杂的地方，可对整个零件的结构有更清晰的认识。

想一想

针对自己的失分项，想一想失分主要出在哪个环节。

依据世赛评分要求，本任务的评分标准如表 1-3-3 所示。

表 1-3-3　任务评价表

序号	评价项目	评分标准	分值	得分
1	识读剖视图	能找到剖视表达视图，判断剖视类型，漏掉一处扣 5 分	10	
2		能从视图中分析出加工要素的主要形体特征、尺寸、公差，漏掉一处扣 5 分，扣完为止	45	
3	识读局部视图	能找到局部视图，没有找到扣 5 分	5	
4		能从视图中分析出加工要素的主要形体特征、尺寸、公差、放缩比例，漏掉一处扣 5 分，扣完为止	15	
5	识读断面图	能区分断面图的类型，分辨不出类型不得分	5	
6		能读出断面的形状	5	
7	识读轴测图	能找到轴测图，没有找到扣 5 分	5	
8		能结合轴测图，对应到每张视图的表达	10	

第三视角投影中剖面图的应用

想一想

这个填料压盖用到了哪几种视图表达方式？还可以有其他表达方式吗？

在第三视角投影图中，剖视图和断面图统称为剖面图。与第一视角的剖视图画法一样，第三视角投影中剖面图的种类也分全剖、半剖和局部剖视图；具有类似的剖切面的种类，如几个平行的剖切面、两个相交的剖切面等。

填料压盖，如图 1-3-22 所示，用主视图、右视图表达内外形状。

根据机件上下对称的特点，主视图采用半剖视图表达方式，表达机件的外部结构特征、形状和机件内形，右视图表达了机件右面的外形。

如图 1-3-23 所示，按箭头 K 向投影作主视图，主视图采用局部剖，既表达了机件结构特征、形状，又表达了机件左端圆柱孔内部结构；用俯视图反映出肋与左、右两端圆柱形状及其连接结构；用右视图 A-A 全剖视图，表达右端圆柱内部结构；采用移出断面图表示肋的断面形状；采用局部的仰视图，表达出右端圆柱底部结构、形状，因为该局部视图的配置紧靠观察部位，所以不用标注名称。

想一想

这个机件用到了哪些视图表达方式？

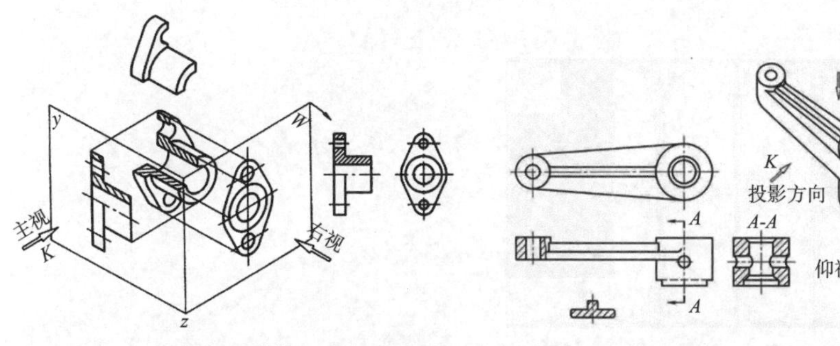

图 1-3-22　填料压盖第三视角投影图　　图 1-3-23　剖面图画法

思考与练习

1. 零件图中常见的剖视图的表达方式主要有哪些？
2. 常见的剖视图分别可以用来表示哪些结构？
3. 技能训练（如图 1-3-24 所示）：

（1）该零件采用了哪些视图表示方法？

（2）图中的剖切平面有几个？分别为了展现哪些特征？

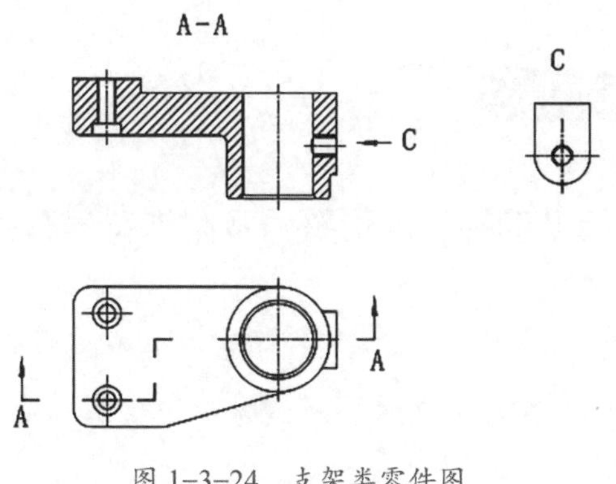

图 1-3-24　支架类零件图

任务4　识读几何公差与表面粗糙度

学习目标

1. 能识读ISO国际标准的标注图形符号及附加符号，区分与国内常用符号的异同点。
2. 能知道第三视角投影法中粗糙度及形位公差标注与第一视角画法的区别。
3. 能根据零件图中所标注的几何公差与表面粗糙度，分析形状位置和表面结构的要求。
4. 能识读几何公差与表面粗糙度，知道几何公差与表面粗糙度对零件质量的影响。
5. 养成严谨细致、一丝不苟、精益求精的工匠精神以及规则意识和标准意识。

情景任务

前一个任务中已经学习了所有的视图表达方式。在第三视角投影法的零件图中，除了各类视图和尺寸标注之外，通常还会有几何公差与表面粗糙度的要求。接下来，请围绕零件图，识读几何公差与表面粗糙度。

提示

表面粗糙度是指加工表面具有的较小间距和微小峰谷的不平度。其两波峰或两波谷之间的距离（波距）很小（在1mm以下），它属于微观几何形状误差。表面粗糙度值越小，则表面越光滑。

一、ISO国际标准的标注图形符号及附加符号有哪些？

1. 表面粗糙度

在ISO国际标准中，表面特征的图形符号有六种形式，每种符号的意义如表1-4-1所示。不管是哪种投影方法，表示表面粗糙度的符号都是相同的。

表 1-4-1　表面特征图形符号及意义

符号	意义及说明
	基本图形符号，对表面结构有要求的图形符号，简称基本符号，没有补充说明时不能单独使用
	扩展图形符号，在基本符号上加一短横，表示指定表面是用去除材料的方法获得，例如车、铣、钻、磨、剪切、抛光、腐蚀、电火花加工、气割等
	扩展图形符号，在基本符号上加一小圆，表示表面是用不去除材料的方法获得，例如铸、锻、冲压变形、热轧、冷轧、粉末冶金等，或者是表示保持原状况的表面（包括保持上道工序形成的表面）
	完整图形符号，当要求标注表面结构特征的补充信息时，在允许任何工艺图形符号的长边上加一横线，在文本中用文字 APA 表示
	完整图形符号，当要求标注表面结构特征的补充信息时，在去除材料图形符号的长边上加一横线，在文本中用文字 MRR 表示
	完整图形符号，当要求标注表面结构特征的补充信息时，在不去除材料图形符号的长边上加一横线，在文本中用文字 NMR 表示

表面粗糙度图形符号的上方所附的标准（字母代号或者数值）是限定粗糙度的等级或主要指标值，如图 1-4-1 所示。

想一想

这些表面粗糙度的标注形式各代表什么含义？

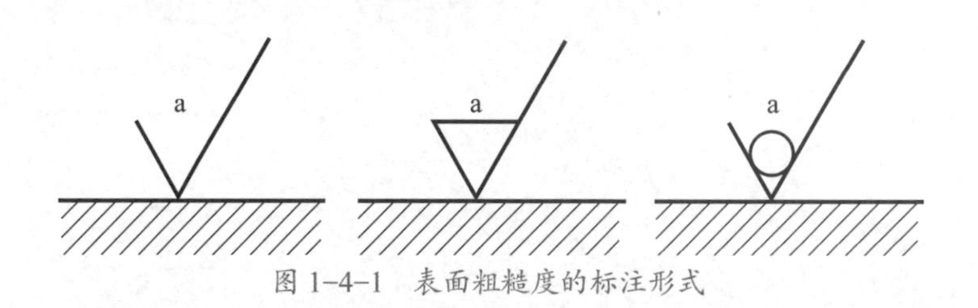

图 1-4-1　表面粗糙度的标注形式

注意事项

当 a 只有一个字母符号或者数值时，该字母符号等级是表面粗糙度的最低数值，即表面粗糙度最大容许值，如图 1-4-2（a）所示；当 a 有两个字母符号或者数值时，如 a1、a2，则 a1、a2 分别为粗糙度的最大和最小极限值。最大极限值 a1 位于最小极限值 a2 的上方，如图 1-4-2（b）所示。

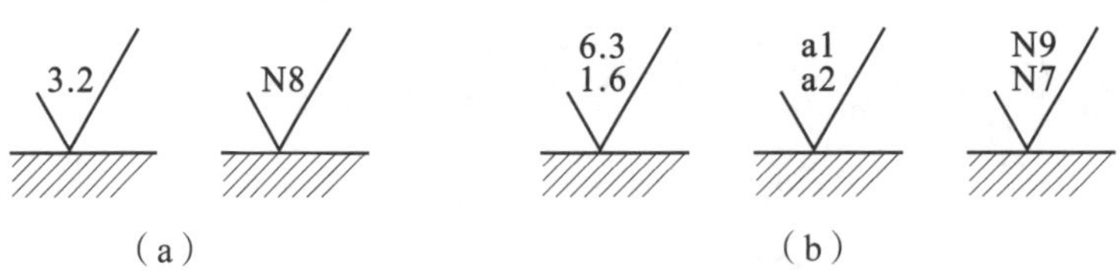

图 1-4-2　表面粗糙度的标注示例

2. 表面纹理的标注

需要控制表面加工纹理方向时，可在符号的右边加注加工纹理方向符号，常见的各种加工纹理方向符号见表 1-4-2。

表 1-4-2　表面纹理的标注

符号	说明	示意图
=	纹理平行于视图所在的投影面	纹理方向
⊥	纹理垂直于视图所在的投影面	纹理方向
×	纹理呈两斜向交叉且与视图所在的投影面相交	纹理方向
M	纹理呈多方向	M
C	纹理呈近似同心圆且圆心与表面中心相关	C
R	纹理呈近似放射状且与表面圆心相关	R

提示

如果表面纹理不能清楚地用这些符号表示，必要时可以在零件图上加注说明。

（续表）

符号	说明	示意图
P	纹理呈微粒、凸起，无方向	

提示

常见的加工方法能够达到的表面粗糙度，可以查阅《机械制图手册》。

二、几何公差有哪些？

1. 几何公差的分类

（1）形状公差——单一实际要素的形状所允许的变动全量。

（2）方向公差——关联实际要素对基准在方向上允许的变动全量。

（3）位置公差——关联实际要素对基准在位置上允许的变动全量。

（4）跳动公差——关联实际要素绕基准轴线回转一周或连续回转时所允许的最大跳动量。

2. 几何公差的符号

几何特征符号如表 1–4–3 所示，其他有关附加符号如表 1–4–4 所示。

表 1–4–3　几何特征符号

分类	特征	符号	分类	特征	符号
形状公差	直线度	—	方向公差	平行度	//
	平面度	⏥		垂直度	⊥
	圆度	○	位置公差	倾斜度	∠
	圆柱度	⌭		同轴度（同心度）	◎
	线轮廓度	⌒		对称度	⌯
				位置度	⌖
	面轮廓度	⌓	跳动公差	圆跳动	↗
				全跳动	⌰

想一想

哪些附加符号你在零件图上见到过？

表 1-4-4　附加符号

项目	符号	项目	符号
被测要素		基准要求	A　A
基准目标	Ø2/A1	理论正确尺寸	50
延伸公差带	Ⓟ	最大实体要求	Ⓜ
最小实体要求	Ⓛ	自由状态条件（非刚性零件）	Ⓕ
全周轮廓		包容要求	Ⓔ
公共公差带	CZ	小径	LD
大径	MD	中径、节径	PD
线素	LE	不凸起	NC
任意横截面	ACS		

3. 公差数值及有关符号标注

（1）当给出一个或一组要素的位置、方向或轮廓度公差时，分别用来确定其理论正确位置、方向或轮廓的尺寸称为理论正确尺寸（TED）。TED 也用于确定基准体系中各基准之间的方向、位置关系，如图 1-4-3 所示。

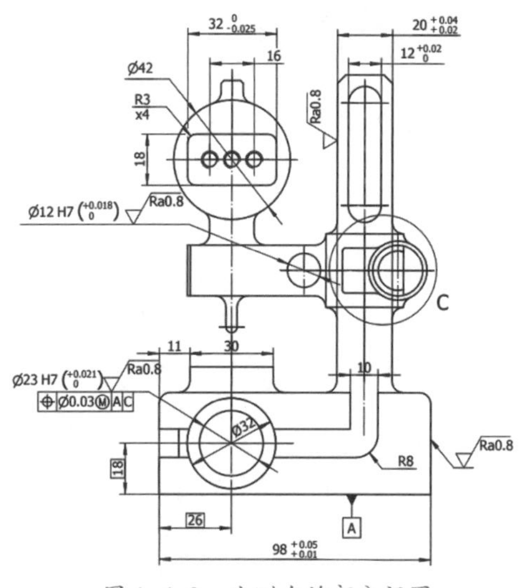

图 1-4-3　比测台的部分视图

（2）需要对整个被测要素上任意限定范围标注同样几何特征的公差时，可在公差值的后面加注限定范围的线性尺寸值，并在两者间用斜线隔开[见图 1-4-4（a）]，如果标注的是两项或两项以上同样几何特征的公差，可直接在整个要素公差框格的下方放置另一个公差框格[见图 1-4-4（b）]。

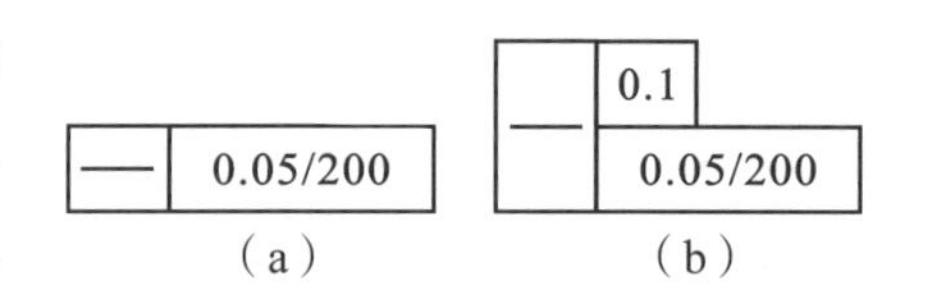

图 1-4-4　公差值的表示方法

提示

理论正确尺寸（TED）是理论上的，不是实际的尺寸，是检测某一要素时作为基准参考的尺寸，一般用于位置度标注。

（3）如果给出的公差仅适用于要素的某一指定局部，应采用粗点画线表示出该局部的范围，并加注尺寸，如图 1–4–5、1–4–6 所示。

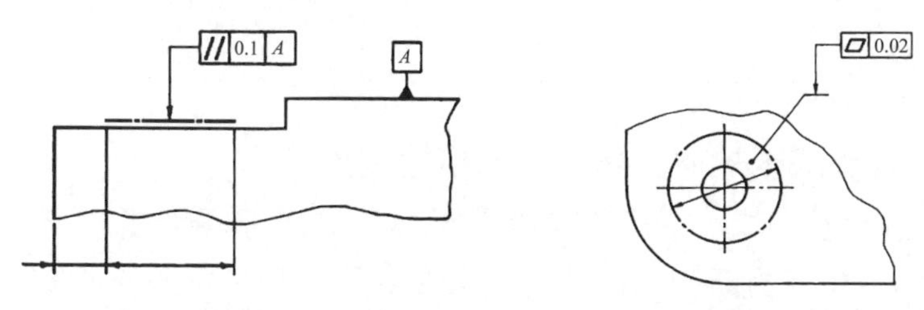

图 1–4–5　某一指定局部的公差表示方法　图 1–4–6　某一指定局部的公差表示方法图

（4）如果需要限制被测要素在公差带内的形状，应在公差框格的下方注明，如图 1–4–7。

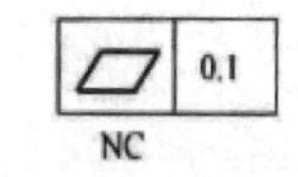

图 1–4–7　限制被测要素在公差带内形状的表示方法

（5）延伸公差带用规范的附加符号Ⓟ表示，如图 1–4–8 所示。

提示

为满足特殊的功能要求，将几何公差的公差带延伸到被测要素实体之外，称为延伸公差带。

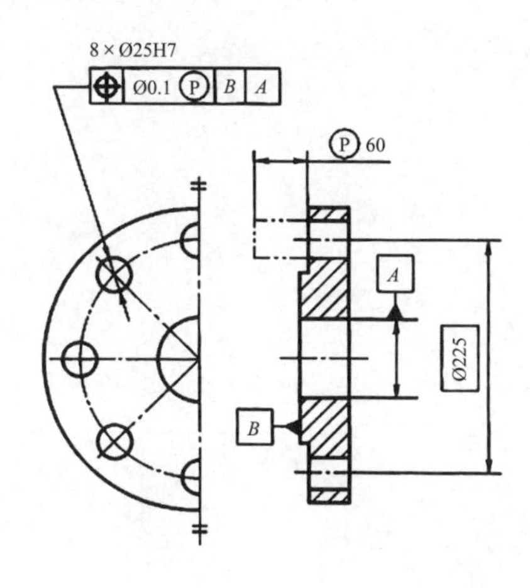

图 1–4–8　延伸公差带表示方法

（6）最大实体要求用规范的附加符号Ⓜ表示，该附加符号可根据需要单独或者同时标注在相应公差值和（或）基准字母的后面，如图 1–4–9 所示。

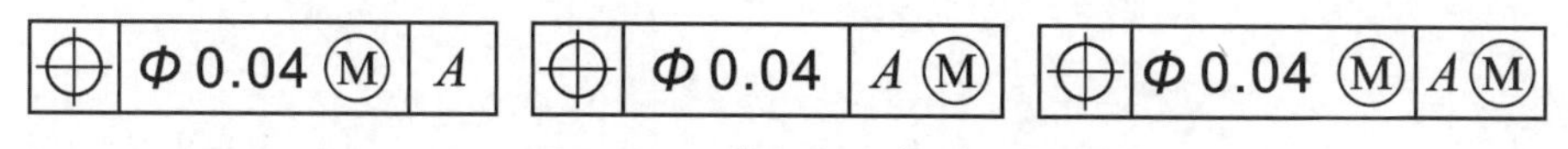

图 1–4–9　最大实体表示方法

（7）最小实体要求用规范的附加符号Ⓛ表示，该附加符号可根据需要单独或者同时标注在相应公差值和（或）基准字母的后面。

（8）非刚性零件自由状态下的公差要求，应该用在相应公差值的后面加注规范的附加符号Ⓕ的方法表示。

（9）各附加符号Ⓟ、Ⓜ、Ⓛ、Ⓕ和 CZ，可同时用于同一个公差格中。

注意事项

第三视角投影法与第一视角投影法中关于形位公差的标注方法基本相同。

三、为什么要识读几何公差与表面粗糙度？

因为几何公差是对零件尺寸精度的要求，表面粗糙度是对零件表面质量的要求，只有正确识读几何公差与表面粗糙度才能保证零件加工精度与质量。

想一想

结合表面粗糙度的含义，思考为什么Ra数字越小，粗糙度要求越高。

四、如何正确识读几何公差与表面粗糙度？

识读几何公差时，几何公差中的形位公差内容用框格表示，框格内容自左向右第一格总是形位公差项目符号，第二格为公差数值，第三格以后为基准。识读表面粗糙度时，一般以Ra来判定大小，一般来说数字越小越好，数字越小，粗糙度要求越高。

一、分析几何精度

1. 从主视图开始，依次找到所有的几何精度，如图1-4-10所示。

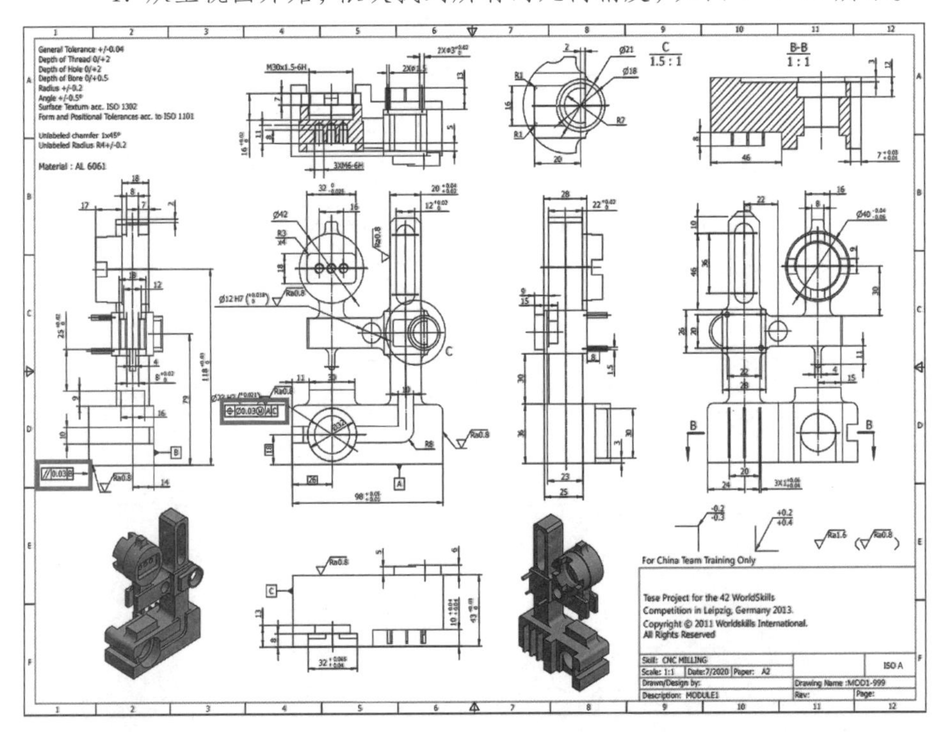

图1-4-10 比测台零件图中的几何精度

2. 判断几何精度的类型。

|//|0.03|B| 几何精度类型为平行度。

|⊕|Ø0.03Ⓜ|A|C| 几何精度类型为位置度。

3. 分析被测要素、基准和精度，如表 1–4–5 所示。

表 1–4–5　基准、精度分析

序号	标注符号	几何精度类型	表示含义（基准、精度）
1	|//|0.03|B|	平行度	被测表面相对于基准面 B 的平行度为 0.03 mm
2	|⊕|Ø0.03Ⓜ|A|C|	位置度	孔中心轴线对基准 A 和基准 C 的位置度公差为 Ø0.03 mm

二、分析表面粗糙度

1. 找到零件图中有表面粗糙度要求的地方，如图 1–4–11 所示。

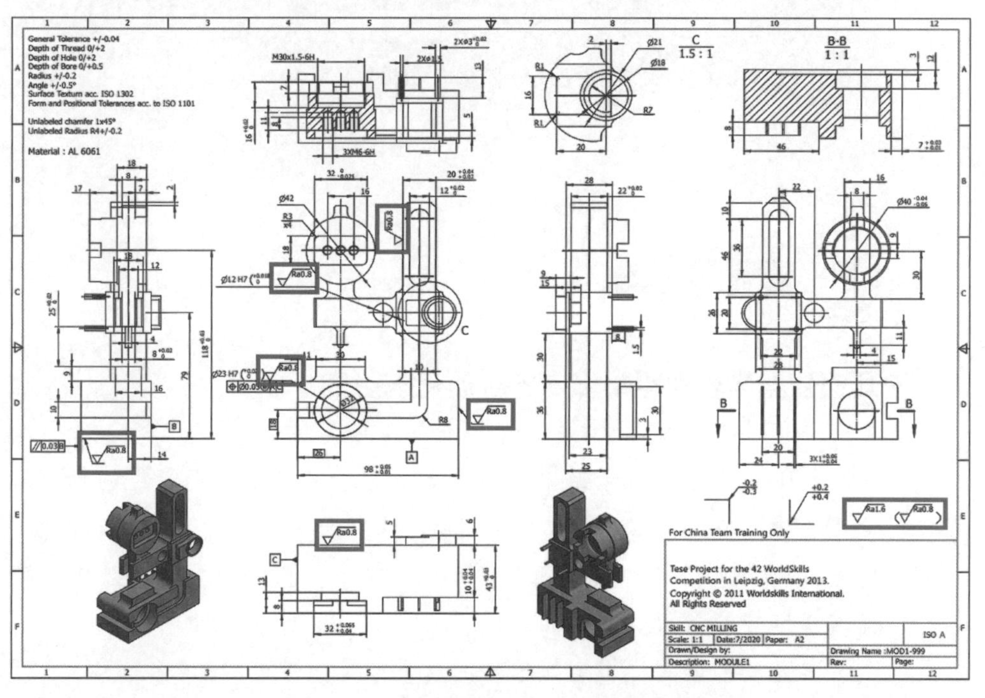

图 1–4–11　比测台零件图上的表面粗糙度

2. 进行分类整理，思考每处粗糙度的含义，如表 1–4–6 所示。

表 1–4–6　比测台粗糙度的分析

序号	标注符号	表示含义
1	0.8	用去除材料的方面获得的表面粗糙度值为 0.8
2	1.6 （ 0.8 ）	除了标注 0.8 的地方之外，其余用去除材料的方面获得的表面粗糙度值为 1.6

提示

识读表面粗糙度的时候要特别关注加工面。

依据世赛评分要求，本任务的评分标准如表 1–4–7 所示。

表 1–4–7　任务评价表

序号	评价项目	评分标准	分值	得分
1	分析几何精度	能找出零件图中所有的几何精度要求，没有遗漏，遗漏一处扣 10 分，扣完为止	20	
2		能分析每一处几何精度的被测要素、基准和精度要求	40	
3	分析粗糙度	能找出零件图中所有的粗糙度要求，没有遗漏，遗漏一处扣 10 分，扣完为止	20	
4		能分析每一处粗糙度的获得方法，以及达到的精度要求	20	

想一想

针对自己的失分项，总结问题出在哪里。

几何公差与表面粗糙度对零件质量的影响

几何公差决定了零件中的某个加工要素的形状、方向、位置、公差、跳动等方面相对于基准所允许的变动全量，影响着零件的加工和使用质量。在一般情况下，尺寸公差、形状公差、位置公差、表面粗糙度之间的公差值具有下述关系：尺寸公差 > 位置公差 > 形状公差 > 表面粗糙度高度参数。

表面粗糙度同样也会对零件的质量产生比较大的影响。

表面粗糙度影响零件的耐磨性。表面越粗糙，配合表面间的有效接触面积越小，压强越大，磨损就越快。

表面粗糙度影响配合性质的稳定性。对间隙配合来说，表面越粗糙，就越易磨损，使工作过程中间隙逐渐增大；对过盈配合来说，由于装配时将微观凸峰挤平，减小了实际有效过盈，降低了联结强度。

表面粗糙度影响零件的疲劳强度。粗糙零件的表面存在较大的波谷，它们像尖角缺口和裂纹一样，对应力集中很敏感，从而影响零件的疲劳强度。

表面粗糙度影响零件的抗腐蚀性。粗糙的表面，易使腐蚀性气体或液体通过表面的微观凹谷渗入金属内层，造成表面腐蚀。

表面粗糙度影响零件的密封性。粗糙的表面之间无法严密地贴合，气体或液体会通过接触面间的缝隙渗漏。

表面粗糙度影响零件的接触刚度。接触刚度是零件结合面在外力作用下抵抗接触变形的能力。机器的刚度在很大程度上取决于各零件之间的接触刚度。

表面粗糙度影响零件的测量精度。零件被测表面和测量工具测量面的表面粗糙度都会直接影响测量的精度，尤其是在精密测量时。

想一想

表面粗糙度为什么会影响到零件的测量精度?

此外，表面粗糙度对零件的镀涂层、导热性等都会有不同程度的影响。

思考与练习

1. 请查阅《机械制图手册》，查出铰孔精加工、断面铣精加工所能达到的表面粗糙度。

2. 请解释表 1-4-8 中几何公差标识的含义。

表 1-4-8　几何公差标识

标注示例	公差带图	识读与解释
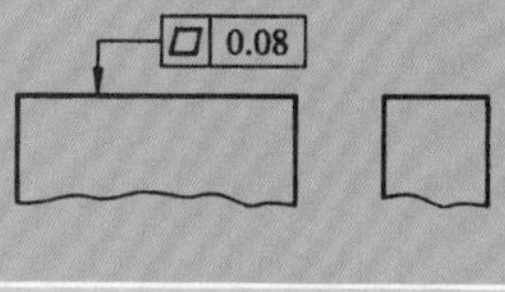 ⏥ 0.08	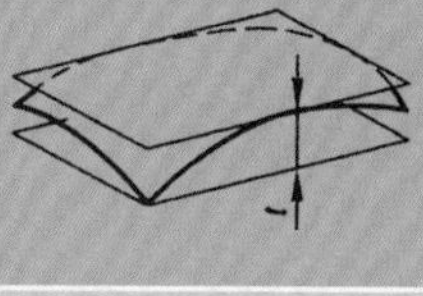 t	
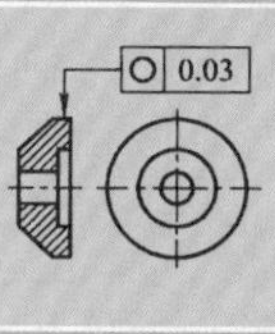 ○ 0.03	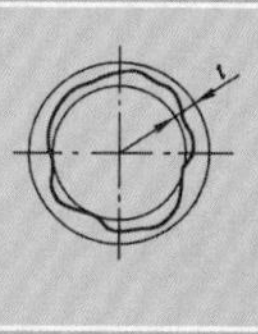 t	
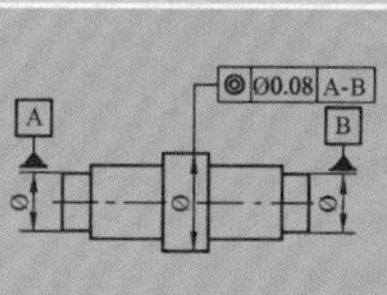 A　B　◎ Ø0.08 A-B	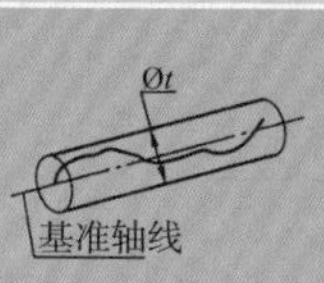 Øt　基准轴线	
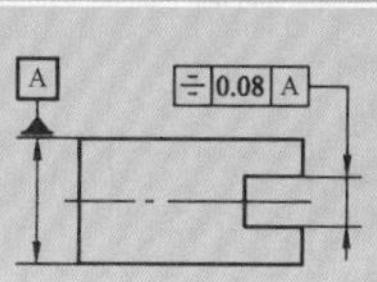 A　⌯ 0.08 A	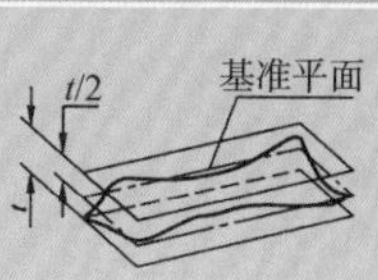 t/2　基准平面　t	

（续表）

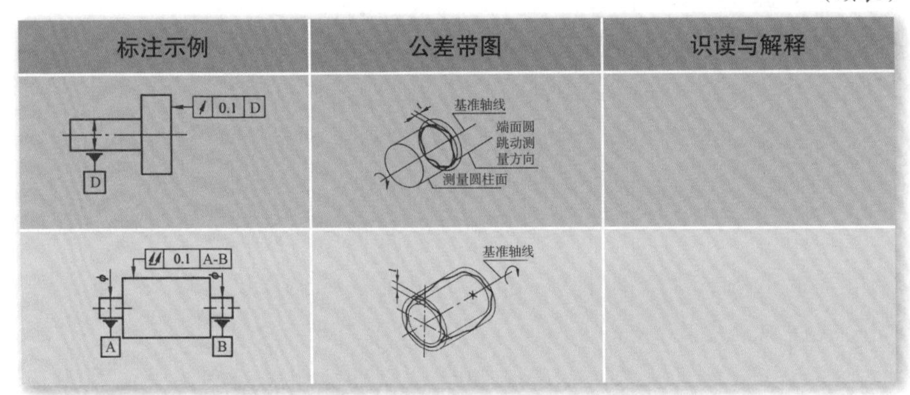

标注示例	公差带图	识读与解释
0.1 D D	基准轴线 端面圆跳动测量方向 测量圆柱面	
0.1 A-B A B	基准轴线	

3. 技能训练：请熟读表 1-4-9，将几何公差和表面粗糙度正确标注在零件图上，用铅笔直接在图 1-4-12 上标注。

1-4-9 几何公差和表面粗糙度表单

序号	标注部位	标注内容	精度等级
1	基准 A	基准	/
2	基准 B	基准	/
3	基准 C	基准	/
4	M1 内孔中心线对基准 A、C	位置度	Ø0.03 Ⓜ
5	M1 内孔	表面粗糙度	Ra 0.8
6	M2 对基准 B	平行度	0.03
7	基准 A	表面粗糙度	Ra 0.8

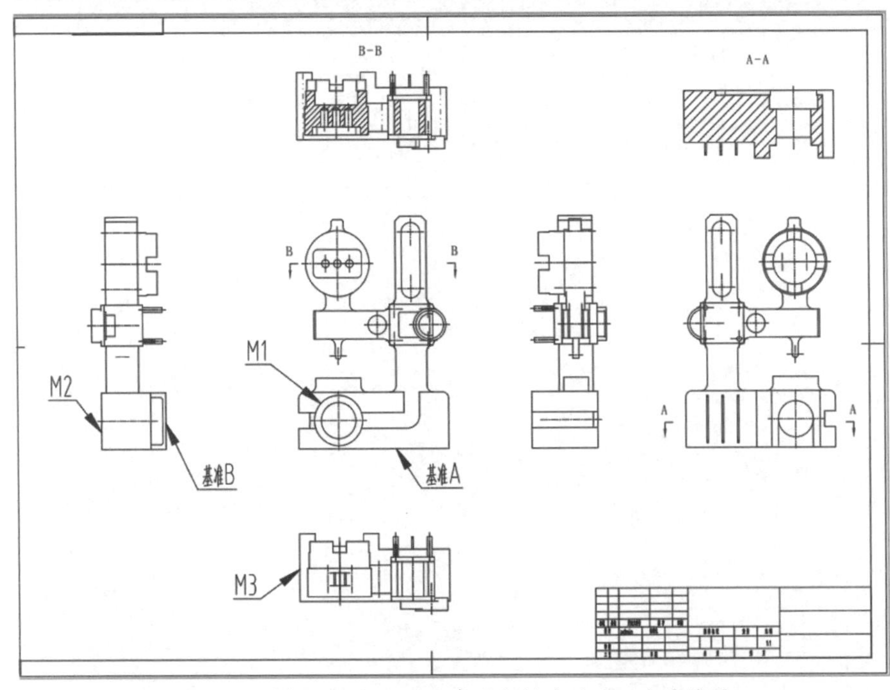

图 1-4-12 需标注几何公差和表面粗糙度的比测台零件图

提示

标注规范的同时，还要注意整张图面的美观、整洁。

模块二

分析零件典型特征制定加工工艺

分析零件图，制定加工工艺（见图 2-0-1）主要是指根据零件图分析零件的局部和整体特征，确定加工方案、制定工艺流程、编制工艺文件。它是生产中的一个重要环节，一个好的工艺方案是产品获得稳定质量的保障。

本模块将结合世界技能大赛赛题中零件的难加工特征和要素，组合在同一个赛件上，通过制定具有薄壁和细长轴特征零件的加工工艺，异形特征零件的加工工艺，孔系特征零件的加工工艺三个学习任务，让学员明确零件的难加工特征的要素、成因和工艺特点，进而掌握加工难加工特征零件的工艺方法和流程，并能选用合适的加工方法，以考验选手的分析与工艺编制能力，考核选手的机械零件加工综合素养。

图 2-0-1　工艺师在加工现场解决问题

任务1　制定薄壁和细长轴特征零件的加工工艺

学习目标

1. 能根据零件图和实物，识别零件的薄壁、细长轴特征，简述其加工难点和缺陷。
2. 能根据零件材料、薄壁、细长轴的特征，制定合理的铣削加工工艺。
3. 能根据已加工零件上薄壁、细长轴特征的尺寸与形状误差，及时调整工艺、刀具以及切削参数，编制出合格的加工工艺单。
4. 养成严谨细致、一丝不苟、精益求精的工匠精神以及独立分析能力。

情景任务

在上一个模块中，学习了识读比测台零件图，接下来将进行比测台零件加工工艺的编制。如何合理地编制加工工艺，需要学会分析零件图，判别零件的难加工特征和要素，明确其加工难点和缺陷。比测台零件设计的难加工特征包括薄壁和细长轴特征、异形和易变形特征。本任务就来学习分析、编制具有薄壁和细长轴特征零件的加工工艺。

思路与方法

要解决薄壁和细长轴特征零件的难加工问题，首先要知道为什么零件会有这样的特征，其次要充分了解引起薄壁特征和细长轴特征零件加工缺陷的原因，然后通过工艺优化，确保加工出合格的零件。

一、如何辨别零件的薄壁、细长轴特征？

薄壁通常指的是壁厚小于2 mm、高度大于10倍壁厚的零件特征部分。薄壁特征因容易变形而变得难加工。

试一试

在比测台零件图上分别指出薄壁和细长轴特征的部位。

筒状薄壁特征通常用车削方式获得；环形或其他形状的薄壁通常用铣削或电火花加工方式获得。

细长轴通常指的是轴的高度或长度与直径之比大于10倍的零件特征部分。

二、哪类产品会涉及薄壁、细长轴特征？

薄壁类特征常出现在航空航天的结构件中，其主要作用是减轻零件的质量、节省贵重金属的使用量，或运用在电子元器件的封装上，以减小电子元器件的体积，使电子产品更轻巧、紧凑。

细长轴特征常出现在多个零件的装配关系中。在验证具有足够刚度的情况下，可实现避空支撑、定位等作用。

想一想

平时接触到的产品中，哪些产品应用到了薄壁结构和细长轴结构？

三、铣削加工薄壁类特征和细长轴特征零件有哪些常见缺陷？

1. 因零件特征部位材料的刚性差，使加工的特征形状变形甚至断裂，或产生加工振纹。

2. 因切削力大，使加工的特征形状变形甚至断裂，或产生加工振纹。

3. 因零件材料强度差，使加工的特征形状变形甚至断裂。

4. 因切削部位温度过高，使钢材加工后硬化或退火，铝材加工时熔化。

四、在零件结构和材料已定的情况下，哪些因素可减小切削力、降低切削热？

1. 铣削方式

铣削方式主要有顺铣、逆铣，如表2-1-1所示。

表2-1-1　顺铣、逆铣

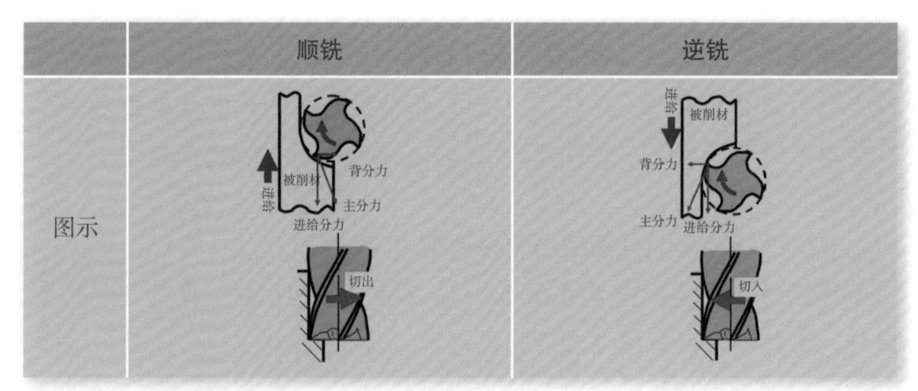

	顺铣	逆铣
图示		

（续表）

	顺铣	逆铣
切削力	切削厚度从最大到0，切削力由大变小，切削时有冲击力，加工薄壁类特征、细长轴特征零件易产生振纹	切削厚度从0到最大，切削力由小变大，切削稳定，但会产生垂直向上的铣削分力，有挑起工件破坏定位的趋势，当薄壁特征位置在刀具底刃下，薄壁厚度难控制
切削热	刀具后角摩擦少，所以产生的切削热小	刀具后角摩擦多，所以产生的切削热大
其他	加工出的表面质量较好；当工作台进给丝杆螺母机构有间隙时，工作台可能会窜动；刀具使用寿命较长；产生垂直向下的铣削分力，有助于工件的定位夹紧	加工出的表面质量较差；当工作台进给丝杆螺母机构有间隙时，工作台也不会发生窜动；刀具使用寿命较短

想一想

为什么薄壁特征的零件半精加工和精加工宜采用逆铣铣削？

2. 铣刀直径

铣削加工是间歇式切削方式，切削力随着切削刃的切入、切出呈现周期性变化，振纹大多是因此产生。

由图 2–1–1 可以看出：在同等高度切削加工时，小规格铣刀有两个切削刃在切削面上，所以切削刃进出周期间隔较小或周期幅度较小，切削较为平稳，可减少振纹产生概率；大规格刀具只有一个切削刃在切削面上，切削刀刃进与出有间隙时间，容易产生振纹。

想一想

精加工时，应选取较大直径的铣刀还是较小直径的铣刀？

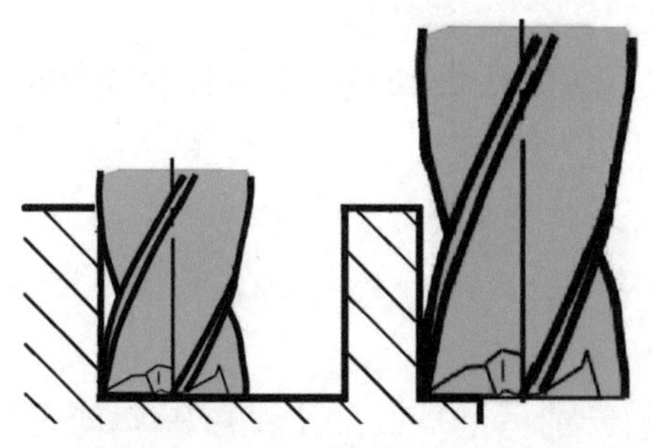

图 2–1–1　大、小刀切削平稳性对比图

3. 背吃刀量

铣削加工是通过回转刀具间歇性在工件毛坯上施加挤压力，从而把切屑从毛坯上切除下来的过程。在此过程中，刀具对工件毛坯产生切削力，工件毛坯也同样对刀具产生了反作用力。因此，加工刀具的背吃刀量越大，切削力就越大，可造成的零件局部变形概率也越高。此外，刀具的锋利程度也影响到切削力。

试一试

分别说出铣键槽和精加工轮廓侧壁的背吃刀量。

试一试

在立式炮塔铣上，用手摇的方式，感知刀具在切入、切出工件时的受力变化。

4. 加工刀路

当铣刀从零件轮廓外部切入零件轮廓，切削力会骤然上升，这对于薄壁或细长轴特征的零件来说容易引起力变形。要降低初始的切削力，减少变形概率，可采用表 2–1–2 所示的切入方式。

表 2–1–2　切入方式示意图

沿切向切入，降低切入瞬间的切削力	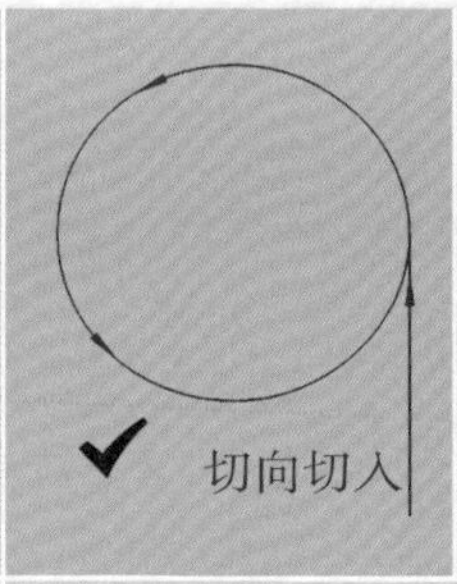 切向切入 ✔	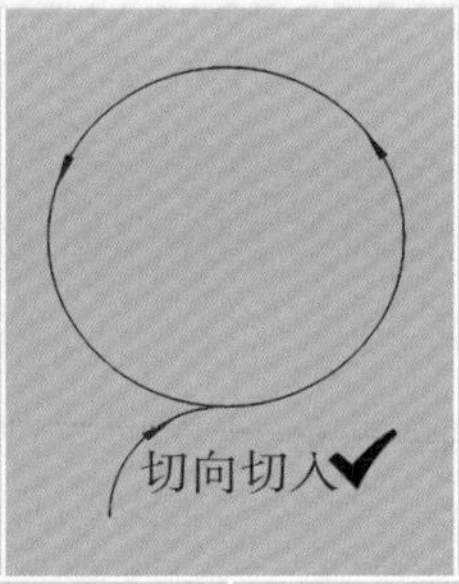 切向切入 ✔	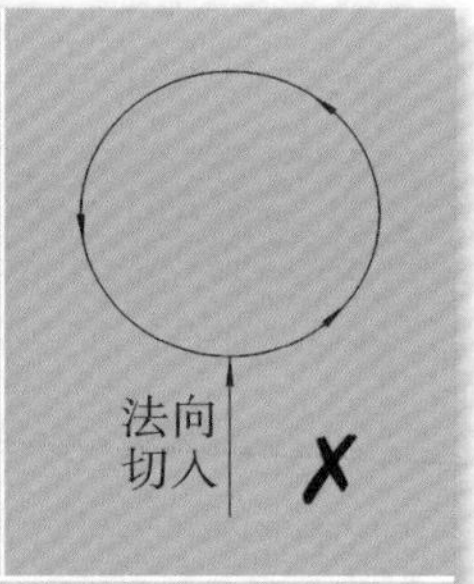 法向切入 ✗
顺着材料较厚的方位切入，结构刚性较好	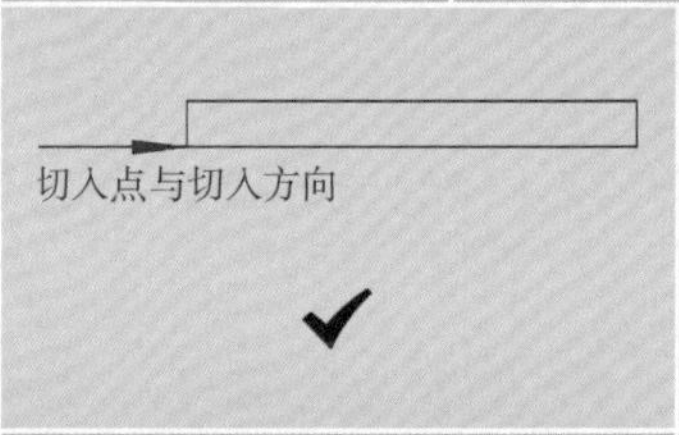 切入点与切入方向 ✔	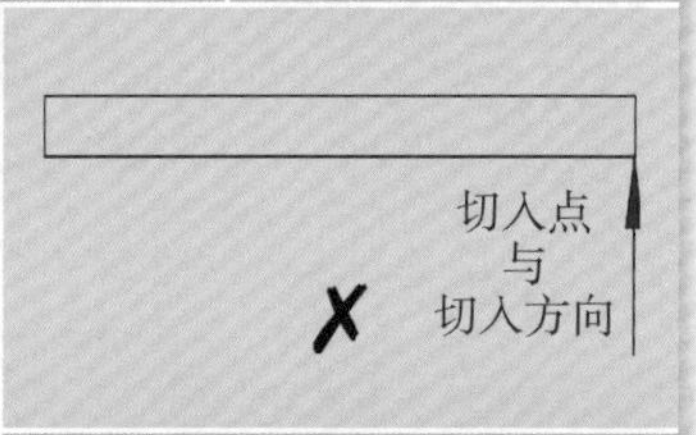 切入点与切入方向 ✗	
螺旋式铣削路径，减少频繁切入次数	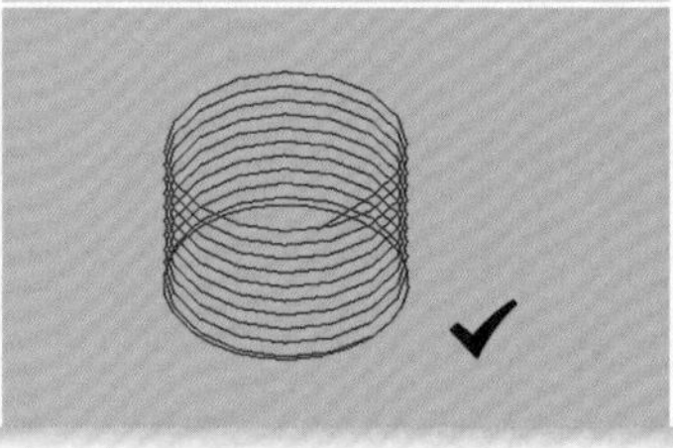 ✔	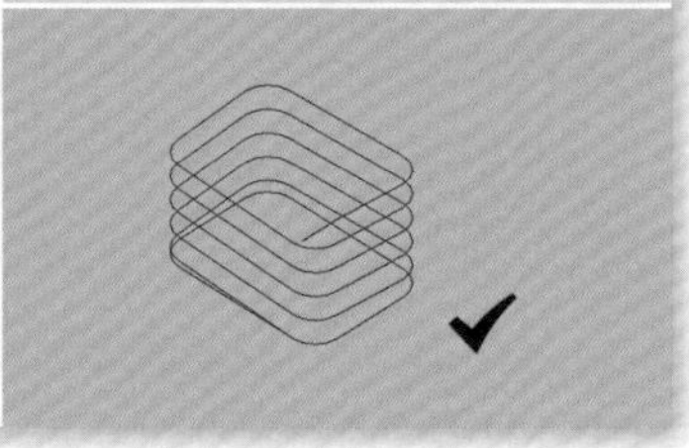 ✔	

五、为什么在加工薄壁和细长轴特征的零件时要对加工工艺进行分析？

具有薄壁和细长轴特征的零件本身刚性减弱，一旦受到外力切削易产生变形，造成加工误差，影响零件加工精度与质量。

六、确保薄壁、细长轴特征零件加工精度的具体工艺手段有哪些？

在特征形状与材料已定的情况下，可以从以下几方面入手，最大限度地保障其加工精度。

1. 加工步骤设为粗加工—半精加工—精加工。半精加工、精加工余量均匀；半精加工去除量宜控制在单边 0.2 mm 以下；精加工去除量宜控制在单边 0.1 mm 以下。

2. 降低切削力，除上述切削量减小之外，半精加工、精加工换用锋利的新铣刀。

3. 采用高速铣削加工。
4. 采用螺旋下沉式加工路线。
5. 使用较小直径的铣刀用于半精加工和精加工。
6. 采用逆铣方式进行半精加工和精加工。
7. 特征倒角在半精加工之前做。

根据已排定的比测台零件上薄壁、细长轴特征的加工工艺步骤，分析薄壁、细长轴特征的铣削加工工艺。

1. 制定三处薄壁粗加工工艺，如表 2–1–3 所示。

表 2–1–3　薄壁粗加工

加工设备	DMU 50	设备系统	SIEMENS 840D	工艺夹具	液压虎钳
目录	内容		示意图	说明	
刀具规格	Ø12 二刃铝用硬质合金铣刀			Ø12 铣刀去除毛坯材料效率高；二刃铣刀容屑槽大，排屑效果好，可降低切削热；铝用硬质合金铣刀无涂层，刃口锋利，无涂层和铝发生亲和黏结现象；硬质合金刀具材料和大直径使得刀具在切削加工中保持良好的刚性	
切削参数	S3500　F2000 2 mm 分层垂直下刀往复铣削			每分钟 3500 转的转速取的是硬质合金刀具切削铝合金材料切削速度下限，是为了控制切削热的产生；每分钟 2000 mm 的走刀速度取的是较大值，方便在一个较大范围内调节，提高效率；每层 2 mm 切量可降低切削力，减少切削热	

想一想

为什么粗加工要用二刃铣刀？

（续表）

加工设备	DMU 50	设备系统	SIEMENS 840D	工艺夹具	液压虎钳
目录	内容		示意图	说明	
切削方式	顺铣			设备的进给系统受力小；刀具寿命长	
切削余量	周边单边留 0.5 mm 底面留 0.3 mm			粗加工可能造成保留材料因切削力、切削热等因素而发生变形，所以周边要留有足够的半精加工余量	

2. 制定四处细长轴粗加工工艺，如表 2-1-4 所示。

表 2-1-4　细长轴粗加工

加工设备	DMU 50	设备系统	SIEMENS 840D	工艺夹具	液压虎钳
目录	内容		示意图	说明	
刀具规格	Ø12 二刃铝用硬质合金铣刀			与薄壁加工使用同把刀具，可节省换刀带来的耗时，节省用时；用薄壁特征加工工艺在加工细长轴时可以降温、充分恢复毛坯材料的热变形和受力变形	
切削参数	S3500　F2000 0.5 mm 螺距螺旋式下沉铣			螺旋下降切削路线可降低切入、切出的冲击，减少力变形和振纹	
切削方式	顺铣			设备的进给系统受力小；刀具寿命长	
切削余量	圆柱周边留 0.5 mm；底面留 0.3 mm			粗加工可能造成保留材料因切削力、切削热等因素而发生变形，所以周边要留有足够的半精加工余量	

想一想

采用螺旋式铣削可以减少哪种力对细长轴特征的影响？

3. 制定三处薄壁、四处细长轴倒角工艺，如表 2-1-5 所示。

表 2-1-5　倒角加工

加工设备	DMU 50	设备系统	SIEMENS 840D	工艺夹具	液压虎钳
目录	内容		示意图	说明	
刀具规格	Ø10 倒角刀			也可用定心钻、球头铣刀替代，目标是减少用时，提高效率	
切削参数	S5500　F3000 单层轮廓铣削			提升加工效率	
切削方式	顺铣			延长刀具使用寿命	
切削余量	余量 0 mm			加工到符合要求，避免精加工后倒角加工时特征受力变形	

想一想

为什么倒角安排在精加工之前做？

4. 制定三处薄壁半精加工工艺，如表 2-1-6 所示。

表 2-1-6　薄壁半精加工

加工设备	DMU 50	设备系统	SIEMENS 840D	工艺夹具	液压虎钳
目录	内容		示意图	说明	
刀具规格	Ø8 四刃铝用硬质合金铣刀			切量不大，Ø8 四刃无涂层硬质合金铣刀刚性足够，且加工效率更高；四个切削刃使刃口之间的间距更小，切削平稳，不易产生振纹	
切削参数	S5500　F3000 单层轮廓铣削			每分钟 5500 转的转速取自硬质合金刀具切削铝合金材料切削速度中值，与 3000mm 进给速度配合可提升切削效率；单层铣削可提升表面质量	
切削方式	逆铣			与顺铣相比切削更平稳，防止产生振纹；切削分力把材料往刀具侧拉，修正直壁	
切削余量	周边单边留 0.2 mm 底面留 0.1 mm			切量基本和精加工一致，工艺系统变形量可控	

想一想

为什么切入、切出点要安排在薄壁长度方向的端面？

5. 制定三处薄壁精加工工艺，如表 2-1-7 所示。

表 2-1-7　薄壁精加工

加工设备	DMU 50	设备系统	SIEMENS 840D	工艺夹具	液压虎钳
目录	内容		示意图	说明	
刀具规格	Ø8 四刃铝用硬质合金铣刀			和半精加工同把刀具，刀具系统变形量可控；与半精加工同环境，演练推算得到结果快	
切削参数	S5500　F3000 单层轮廓铣削			每分钟 5500 转的转速取自硬质合金刀具切削铝合金材料切削速度中值，与 3000 mm 进给速度配合可提升切削效率；单层铣削可提升表面质量	
切削方式	逆铣			与顺铣相比切削更平稳，防止产生振纹；切削分力把材料往刀具侧拉，修正直壁	
切削余量	周边单边留 0 mm 底面留 0 mm			切量基本和半精加工一致，工艺系统变形量可控	

6. 制定四处细长轴半精加工工艺，如表 2-1-8 所示。

想一想

为什么精加工要使用四刃铣刀？

表 2-1-8　细长轴半精加工

加工设备	DMU 50	设备系统	SIEMENS 840D	工艺夹具	液压虎钳
目录	内容		示意图	说明	
刀具规格	Ø8 四刃铝用硬质合金铣刀			切量不大，Ø8 四刃无涂层硬质合金铣刀刚性足够，且加工效率更高；四个切削刃使刃口之间的间距更小，切削平稳，不易产生振纹	

（续表）

加工设备	DMU 50	设备系统	SIEMENS 840D	工艺夹具	液压虎钳
目录	内容		示意图	说明	
切削参数	S5500　F3000 单层轮廓铣削			每分钟 5500 转的转速取自硬质合金刀具切削铝合金材料切削速度中值，与 3000 mm 进给速度配合可提升切削效率；单层铣削可提升表面质量	
切削方式	逆铣			与顺铣相比切削更平稳，防止产生振纹；切削分力把材料往刀具侧拉，修正直壁	
切削余量	周边单边留 0.2 mm 底面留 0.1 mm			切量基本和精加工一致，工艺系统变形量可控	

7. 制定四处细长轴精加工工艺，如表 2-1-9 所示。

试一试

若细长轴的切入、切出设置在任意位置，会产生什么后果？

表 2-1-9　细长轴精加工

加工设备	DMU 50	设备系统	SIEMENS 840D	工艺夹具	液压虎钳
目录	内容		示意图	说明	
刀具规格	Ø8 四刃铝用 硬质合金铣刀			和半精加工同把刀具，刀具系统变形量可控；与半精加工同环境，演练推算得到结果快	
切削参数	S5500　F3000 单层轮廓铣削			每分钟 5500 转的转速取自硬质合金刀具切削铝合金材料切削速度中值，与 3000 mm 进给速度配合可提升切削效率；单层铣削可提升表面质量	
切削方式	逆铣			与顺铣相比切削更平稳，防止产生振纹；切削分力把材料往刀具侧拉，修正直壁	

（续表）

加工设备	DMU 50	设备系统	SIEMENS 840D	工艺夹具	液压虎钳
目录	内容		示意图	说明	
切削余量	周边余量 0 mm 底面余量 0 mm			切量基本和半精加工一致，工艺系统变形量可控	

依据世界技能大赛的评分细则，本任务的评分标准如表 2-1-10 所示。

表 2-1-10　任务评价表

序号	评价项目	评分标准	分值	得分
1	铣削工艺知识	叙述什么是顺铣，叙述正确得 10 分	10	
2		叙述什么是逆铣，叙述正确得 10 分	10	
3		说出四种薄壁特征、细长轴特征加工后可能产生的缺陷，答出 1 项得 5 分	20	
4	铣削工艺分析	A型　B型　C型　D型 为上述形状的薄壁类特征按加工难易程度排序，排序对一项得 5 分	20	
5		从顺铣、逆铣两种不同的切削模式入手，分析哪种切削模式产生的切削热较大，并简单说明理由，切削模式答对得 5 分，理由正确得 5 分	10	
6		加工细长轴时，为何宜采用螺旋下降式切削方式，答对得 10 分	10	
7	职业素养	在学习、工作中能仔细观察，养成认真记录的好习惯，并能通过共性问题寻找到解决方法	20	

想一想

针对自己的失分项，如何总结？

一、刚性和刚度

刚性是理论力学中的概念，如果说一个物体是刚性的，表示这个物体在受力后未发生变形。

譬如说“这个零件的刚性好”，表示的是这个零件在受到外力作用后没有发生变形情况。

刚度是材料力学中的概念，指的是材料在受力时抵抗弹性变形的能力，刚度越大，在力的作用下物体变形越小。

譬如说“这个零件的刚度好”，表示这个零件材料或结构抵御因外力而导致变形的能力强。

薄壁特征的工艺刚性主要体现在其形状上。封闭的筒状、环形要比开口的形状刚性好，易加工；直板形薄壁特征因刚性差，加工后的精度难保证。细长轴特征的工艺刚性主要体现在长径比上，长径比值越大，加工精度越难保证。

二、切削力

铣削加工是通过回转刀具间歇性在工件毛坯上施加挤压力，从而把切屑从毛坯上切除下来的过程。在此过程中，刀具对工件毛坯产生切削力，工件毛坯也同样对刀具产生了反作用力。

决定切削力大小的主要因素是被加工材料的物理力学性质和加工刀具的背吃刀量。被加工材料的强度越高，硬度越大，切削力就越大；加工刀具的背吃刀量越大，切削力就越大。

另外，切削刀具的锋利程度也影响到切削力。

加工方式不同，加工受力也不相同。铣削加工是间隙进给，可以从片状切屑看出来，所以切削力呈现波浪形，在加工薄壁类特征、细长轴特征零件时，容易产生振纹、变形以及加工精度难控制。

三、切削热

切削过程中会产生切削热，其产生原因是切削过程中的摩擦。切屑从毛坯上剥离时摩擦铣刀前角，刀具在旋转时与切屑、毛坯加工面摩擦产生热。

切削热最容易集聚至零件的细小特征部分，如同用火烧缝衣针，针尖部分最容易烧红。

想一想

在平时加工零件时，可以从哪些地方看出切削产生的热？

切削热达到一定程度后，会造成薄壁特征部分、细长轴特征处的材料被加热，严重时会造成加工硬化或退火，稍严重时也会造成形状上的热变形。在加工低熔点合金和铝合金时，还会出现材料被熔融的现象。

要解决切削热，最基本的措施是冲冷却液和及时清理切屑。

1. 为什么半精加工和精加工要使用较小直径的铣刀？能解决影响薄壁、细长轴特征零件铣削加工精度的哪方面问题？

2. 为什么说直板形薄壁特征零件的刚性差，环形薄壁特征零件的刚性好？

3. 技能训练：编制如图 2-1-2 所示零件的加工工艺步骤，并将步骤记录在表 2-1-11 中。

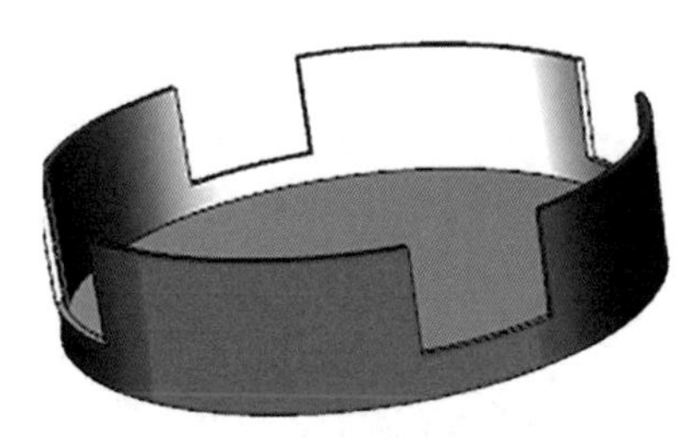

图 2-1-2　芯片封装零件

提示

填写工艺步骤记录表时注意按顺序填写，以免漏填。

表 2-1-11　芯片封装零件工艺步骤记录表

加工设备	DMU 50	设备系统	SIEMENS 840D	工艺夹具	
序号	工序内容		刀具	转速 S（r/min）	进给 F（mm/min）
1					
2					
3					
4					
5					
6					
7					
8					
9					
10					

任务 2　制定异形特征零件的加工工艺

1. 能根据零件图区分异形特征，判别异形中的易变形特征。
2. 能根据用途、现场工件定位和夹持条件等，制定合理的铣削加工工艺。
3. 能通过零件特征，设定粗、精加工切削参数；如产生尺寸偏差，会及时调整切削参数。
4. 能根据零件的异形特征，制定铣削加工工艺。
5. 养成严谨细致、一丝不苟和精益求精的工匠精神以及独立分析能力。

情景任务

上一个任务中学习了具有薄壁和细长轴特征零件的加工工艺，掌握了这些特征零件加工工艺的编制方法。比测台零件除薄壁和细长轴特征外，还包括多个异形特征，如图 2-2-1 所示。接下来，将进行异形特征零件的加工工艺编制，必须考虑加工中零件的应力变形、加工缺陷或夹伤等质量问题，才能编制出适合此类特征和要素零件的加工工艺。

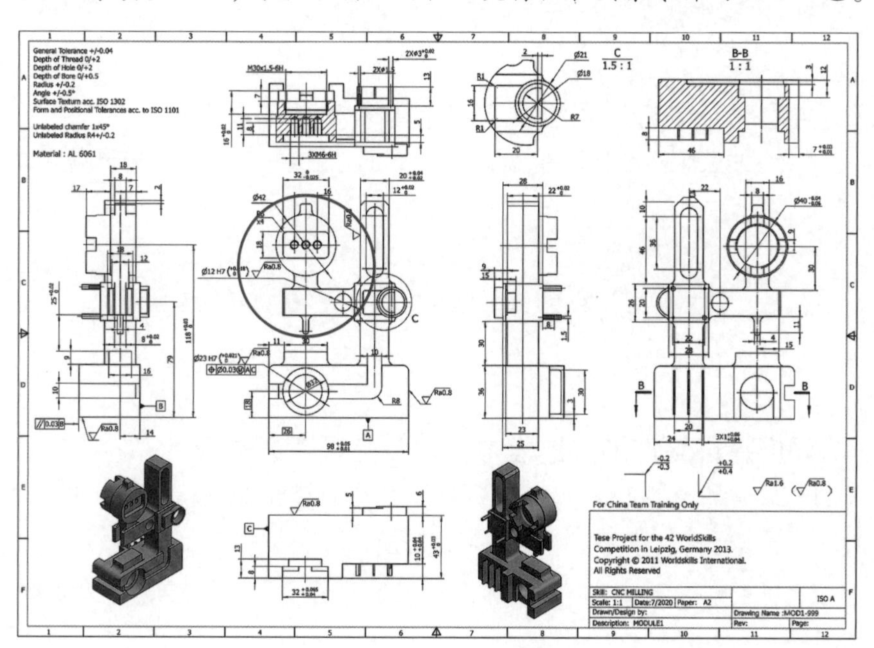

图 2-2-1　比测台零件的易变形部位

想一想

零件图中红色圆圈内的特征和其他部位的特征有什么不同之处？

先从区分异形特征及异形中的易变形特征开始，通过制定比测台零件上异形和易变形部分的加工工艺，学会近似类型零件的加工工艺编制。

一、什么是异形特征？什么是易变形特征？

在看过的设计、零件图中，有许多规则的图形，如圆形、方形、梯形、椭圆形等。这些图形有一个特点，即都可通过语言描述出来。此外，有许多不规则图形是无法用语言描述出其形状的，只能借助零件图才能清晰地表达出轮廓形状，这类非规则的零件特征统称为“异形特征”。

试一试

指出零件图上其他的易变形特征。

在传统加工中，异形特征的零件加工精度取决于操作人员技能水平的高低。在运用数控机床加工后，异形与规则形状的零件一样能加工。

易变形特征主要是指零件加工过程中，一些无法实施完全定位的局部特征；或因毛坯材料被部分切开或切断，形成开口或悬臂形状。如图 2-2-1 中标识的红圈部分：四周材料均被切削去除，形成一根 18 mm 的方形悬臂梁挑空连接，坯料的内应力被破坏；虎钳安装时，此区域无法做到完全定位；加工中，所有的切削力均施加到悬臂梁，而且在悬臂梁根部还钻有一个 12 mm 的通孔，极易造成零件图 C1 区尺寸 25 + 0.02 尺寸超差。

对于易变形特征，应该学会事先分析、预判可能产生的误差区域和误差量，用合理的工艺方案来解决变形超差问题。

二、异形特征零件加工过程中要着重考虑哪些要素？

对于一些外形为异形特征的零件，工件夹持安装是首选要解决的问题。

1. 装夹是否稳固？
2. 上、下工步工件分别如何装夹？怎么校准？是否有对刀点？
3. 制件表面是否会被夹伤？制件上的特征是否会被夹变形？

三、异形特征零件加工过程中有哪些主要注意事项？

1. 通常轮廓周边的加工分：粗加工—半精加工—精加工；用立铣刀底刃加工的面可以是：粗加工—精加工。

2. 切削余量不一致时，精加工切削后的面会留下特殊的映射痕迹。

3. 粗加工若采用逆铣方式，轮廓周边要留有足够的余量。

4. 精加工采取逆铣方式可以修正轮廓侧壁与其垂直基准面之间的垂直度。

5. 用立铣刀底刃加工面，间距宜设置在70%刀具直径值以内，如图2–2–2所示。

试一试

说出间距宜设置在70%刀具直径值以内的原因。

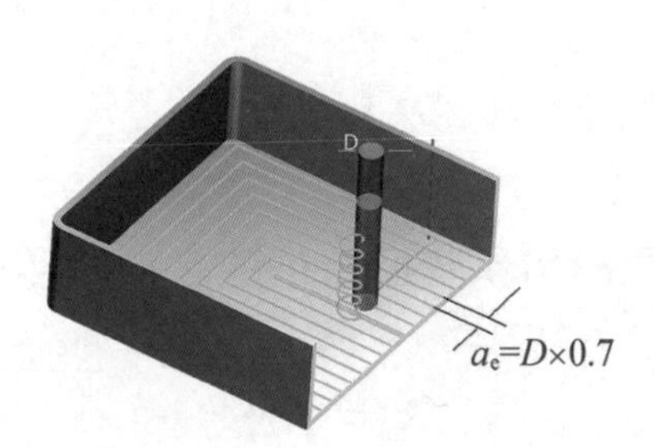

图2–2–2　铣削间距

四、易变形特征主要有哪些？

1. 零件在加工时，有部分区域无法实施完全定位，形成悬臂，切削时会随着刀具切入与切出而振动，如图2–2–3所示，二次安装加工时，立柱、横梁、测量头部分无法实施完全定位，形成悬臂。

图2–2–3　比测台零件加工过程中的定位与夹持

2. 薄片或加工后为薄片，如图2–2–4所示。

图2–2–4　薄片零件

3. 开放式环形薄片或直薄片，如图2–2–5所示。

图2–2–5　芯片封装零件

五、易变形特征零件加工后产生尺寸超差的原因有哪些？

1. 大余量切削毛坯，破坏了原有稳定的内应力，产生应力变形。

2. 切削热使坯料产生热变形。

3. 悬臂梁结构，加工中无支撑，产生受力变形。

4. 加工中，装夹未做到完全定位，产生刚性变形或弹性变形，加工尺寸不能控制。

5. 夹紧力过大，产生夹痕或夹持变形。

六、为什么在加工异形和易变形特征的零件时要对加工工艺进行分析？

异形和易变形特征由于零件结构不对称，应力分布不均，同时厚度方向或壁厚差异较大，强度容易失恒，会造成加工不稳定，影响零件尺寸加工精度。

七、如何来控制易变形特征零件的尺寸精度和形位公差？

1. 使用锻件或铸件毛坯，尽量减少切削量。

2. 使用高速切削加工，降低切削产生的热量。

3. 在设计时尽量避免出现悬臂梁结构。

4. 装夹工件时，尽量实现完全定位，做不到完全定位时，可以加辅助支撑。

5. 选用合适的夹紧力，可选用定值的气动、液压夹具。

6. 在精加工前，采用时效或热处理方式，充分释放材料内应力。

想一想

液压虎钳和传统虎钳在夹持力大小上有什么区别？

以比测台零件为例，通过学习、制定工艺流程步骤，编制整体零件加工工艺方案。

1. 确定工艺装备

（1）加工设备

设备参数：DMU50，B + C 型五轴加工中心，SIEMENS840D 操作系统，X 轴最大行程 650 mm，Y 轴最大行程 520 mm，Z 轴最大行程 475 mm，工作台承重 630 kg，主轴转速 60 ~ 15000 rpm/min。

根据零件图所示，设备满足加工需求，并拟定不使用 B 轴、C 轴回转功能，以获得较高的加工刚性。

（2）工件夹持工具（夹具）

选用通用夹具：150 mm 液压虎钳，可施加固定的夹持力，可应对比测台零件从毛坯开始的夹持要求。

在第二次装夹时，采用液压虎钳和软钳口的夹持方式，可避免已加工部位产生夹伤；软钳口的分散包裹力，可避免工件夹持变形；自制软钳口可实现多方、多点定位，避免欠定位。

（3）冷却液

全合成水性冷却液，可提供更好的冷却和清洗效果。

（4）刀柄

通用粗加工采用 SK40–ER32 刀柄，精加工采用液压刀柄；铰刀用液压刀柄；定心钻、麻花钻用 ER 刀柄；攻丝采用攻丝专用柔性刀柄；镗孔采用微调镗刀座。

2. 选择工具、量具、刀具

（1）校正工具

根据零件形位公差 0.03 mm，选用杠杆百分表及通用磁性表座。

（2）对刀工具

为快速完成对刀，X/Y 平面方向用光电式三向寻边器，如图 2–2–6 所示；Z 向用高度仪，如图 2–2–7 所示。

想一想

还接触或使用过哪些对刀工具？

图 2–2–6　光电式三向寻边器

图 2–2–7　Z 向高度仪

（3）测量长度、外形尺寸

公差带在 0.04 以上用数显游标卡尺；公差带在 0.04 之内选用数显外径千分尺、内测千分尺。

（4）测量内孔尺寸

直径小于 10 mm 的孔，采用光滑极限量规；孔径大于 10 mm，采用三点式内径千分尺。

（5）测量深度、台阶尺寸

测点距离测量基准近的，采用数显深度尺；测点距离测量基准稍远的，采用杠杆表机内测量。

（6）检验槽宽尺寸

为避免检测手势误差，采用块规检测。

（7）检验螺纹

使用螺纹塞规完成内螺纹快速检验。

（8）刀具

均采用铝用无涂层硬质合金刀具，刚性好，刀刃锋利，不会和铝发生化学反应。

3. 确定加工面顺序

确定加工面顺序，如表 2-2-1 所示。

想一想

在竞赛中，怎样来选择初始加工面？

表 2-2-1　整体加工顺序计划表

加工步骤	图示	步骤说明
加工第一面		零件毛坯是立方体铝块，先加工哪个面，安装上都不存在问题。首先选取这个加工面主要是考虑到：可以完成主要特征成形、大部分的加工量，在比赛中就意味着能多得分。通常薄壁、细长轴等特征加工要放在最后完成，可避免在后续工步装夹定位时损伤特征。但加工此工件时若放在最后的，会造成无二次装夹位置。加工侧面的槽可以不拆卸工件，把精密液压虎钳侧过来安装、加工，减少一次工件拆装，可提高特征之间的位置精度
加工侧面		采用虎钳侧卧的安装方式，可避免一次工件拆装，减少工件安装、校对耗时，同时提高工件各特征之间的位置精度
加工软钳口		由于第一个面加工完后，可提供工件夹紧的面已经非常小了，不足以给予稳固的安装、夹持。通过软钳口，可创设多处不在一个平面上的夹持面和定位面，稳固地夹持工件、均匀地分布夹紧力，还可以有效地避免零件夹伤
加工第二面		在软钳口稳定夹持下，工件可以实施箭头所指面的加工了

注意事项

在加工第一面时，要尽早按零件图中零件的形状，破开毛坯，给悬臂部分充分去应力变形时间，这样可获得较好的零件质量。

依据世界技能大赛的评分细则，本任务的评分标准如表 2–2–2 所示。

表 2–2–2　任务评价表

序号	评价项目	评分标准	分值	得分
1	加工工艺知识	什么是异形特征，什么是易变形特征，答出 1 项得 5 分	10	
2	加工工艺分析	说出两种异形特征及其加工后产生变形的原因，答出 1 项得 5 分	10	
3		说出四种易变形特征及其加工缺陷产生的原因，答出 1 项得 5 分	20	
4		说出两项共同影响薄壁特征、细长轴特征、易变形特征零件加工精度的因素，答出 1 项得 5 分	20	
5		在排定需多次装夹完成的零件整体加工流程中，须着重考虑哪些因素？答对 90% 得 20 分；答对 70% 得 15 分；答对 50% 得 10 分；答对 30% 以下得 5 分	20	
6	职业素养	能够通过细微之处分析、判断零件加工过程中的不稳定因素	20	

一、内应力

内应力是物体受到外力、温度变化等外因而变形时，在物体内各部

试一试

指出比测台零件图中最容易产生应力的部位。

分之间产生相互作用的内力，以抵抗这种外因的作用，并力图使物体从变形后的位置恢复到变形前的位置。按引起原因可分为热应力和组织应力；按存在时间可分为瞬时应力和残余应力；按作用方向可分为纵向应力和横向应力。

金属工件上一旦产生内应力之后，就会使工件处于一种不稳定状态，并伴随有变形发生，从而使工件丧失原有的加工精度。

消除内应力的常用方法：对物体进行热处理（针对金属材料、高分子材料等工件）；放在自然条件下进行消除（即自然时效消除内应力）；通过敲打振动等方式进行消除。

二、金属切削的“映射现象”

在前面的学习内容中，曾经提到切削过程中的“映射现象”。什么是映射现象？造成的原因和后果分别是什么？又该怎么来避免？

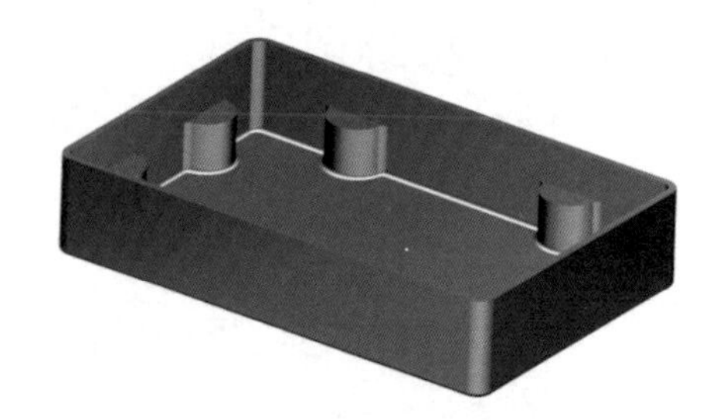

图 2-2-8　壳体零件

如图 2-2-8 所示，加工一个薄壁壳体零件，在壳体内部有八处半圆形台阶。通常在加工壳体内壁时，为提高加工面的质量，会先对有八处凸起的轮廓表面编程加工，再对带圆角的矩形轮廓表面编程加工出台阶，此时就可能产生映射现象。映射现象发生后会出现图 2-2-9 所示的表面缺陷。

图 2-2-9　映射现象

造成映射现象的原因还是力。力是一对相互作用关系，刀具在给毛坯材料侧施加一定切削力时，材料也会对刀具反向施加相同的力，就

提示

解决方法：精加工前一定要半精加工，而且半精加工次数不局限于单次。

产生了平时所说的“让刀”现象。当材料对刀具的反向作用力一致时，零件上被切削加工面表现为倾斜；当材料对刀具的反向作用力因轮廓形状变化，切削力忽大忽小时，就会在加工后的表面留下加工前的形状痕迹。

1. 请分析造成易变形特征零件加工后产生缺陷的主要原因。

2. “在加工第一面时，要尽早按零件图中零件的形状，破开毛坯，给悬臂部分充分去应力变形时间，这样可获得较好的零件质量。”其中的“充分去应力变形时间”属于何种去应力方式？还有哪些去应力方法？

3. 技能训练：设计一副用于薄壳类零件（见图 2–2–10）加工的软钳口。

提示

1. 软钳口选材、尺寸。
2. 软钳口夹紧工件的夹持面、定位面。
3. 软钳口夹持工件后对刀。

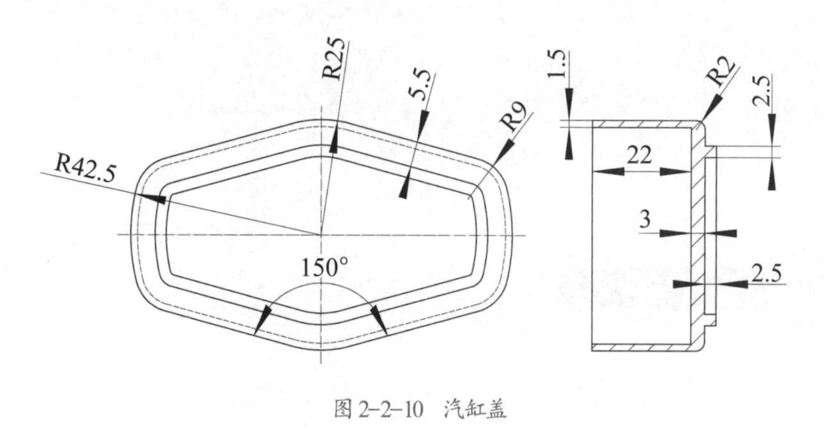

图 2–2–10　汽缸盖

任务3　制定孔系特征零件的加工工艺

学习目标

1. 能根据孔系特征制定孔加工工艺。
2. 能根据螺纹孔尺寸，查表确定精度，分析与编制加工工艺。
3. 养成严谨细致、一丝不苟、精益求精的工匠精神以及独立分析能力。

情景任务

在比测台零件中，除了薄壁和细长轴特征、异形和易变形特征之外，还有许多不同类型的孔系特征。接下来，进行孔系特征部分加工工艺的编制，需要认识孔的类型，知道不同类型孔加工使用的刀具和切削方法，了解提高效率和降低成本的方法。

思路与方法

一、常见孔的类型有哪些？数控铣床加工孔的方式及其加工精度又有哪些？

相关分析如表 2-3-1 所示。

试一试

指出现在身边能看到的孔，并说出它们是怎么加工得到的。

表 2-3-1　各种类型的孔及其加工方式

类型	尺寸	精度	表面质量	可采用的加工方式
通孔	≤ Ø13 mm	IT12	Ra6.3	钻削
	> Ø13 mm	IT9 ~ 10	Ra3.2	铣削
盲孔	任意直径	IT9 ~ 10	Ra3.2	铣削
定位孔	≤ Ø12 mm	IT6 ~ 7	Ra0.8	铰孔
	> Ø12 mm	IT6 ~ 7	Ra1.6	镗孔

（续表）

类型	尺寸		精度	表面质量	可采用的加工方式
螺纹孔	≤ M 12 mm		IT6 ~ 7	Ra1.6	攻丝
	> M 12 mm		IT6 ~ 7	Ra1.6	螺纹梳刀螺旋铣削
锥孔	大端≤ Ø12 mm	锥度≤ 20°	IT6 ~ 7	Ra1.6	锥度铰刀铰孔
	大端 > Ø12 mm	锥度≤ 20°	IT7 ~ 8	Ra3.2	斜度成型铣刀轮廓铣削
		锥度 > 20°	IT12	Ra6.3	宏程序分层铣削

想一想

为什么钻孔加工要遵循“先面后孔”原则？

二、为什么在加工具有孔系特征的零件时要对加工工艺进行分析？

孔的加工是刀具在比测台零件内部进行的，切屑的排除、散热、观察都比较困难，孔的大小又限制了刀具的大小，孔的精度也限制了刀具的精度等级，测量内孔的尺寸又不方便。因此，在传统孔加工工艺的基础上，必须对孔系加工工艺进行分析。此外，还应根据孔距精度，选择较佳的跑位模式。

三、如何使用镗刀进行镗孔？

1. 镗削加工

镗削加工是通过镗刀与工件的相对回转运动，把切屑从毛坯上分离的加工过程。铣镗刀是依靠调整与主轴轴线的偏置距离，加工出不同孔径的孔。

2. 镗刀把与镗刀

镗刀把与镗刀如图 2–3–1 所示。

图 2–3–1　镗刀把与镗刀

试一试

经测量及计算，镗刀偏心还要调整 0.54mm 才能加工到零件图要求的尺寸，请按要求调整镗刀。

3. 镗孔的工艺路线

钻底孔或铣底孔，单边预留 0.3 ~ 0.4 mm

↓

镗刀对刀，粗镗，单边预留 0.1 ~ 0.15 mm

↓

测量，调整镗刀

↓

精镗，测量检验

注意事项

粗镗和精镗最好使用同样的转速和进给，避免因切量不等而造成刀具受力变形不一致，从而导致加工尺寸偏差。

4. 镗削加工优、劣势

优势：可加工任意尺寸的精度孔；可修正孔的位置误差和轴线偏差；因是连续切削，可获得较好的孔壁表面质量。

劣势：加工效率低；由于需要人工干预加工，操作人员的测量方法和测量精度决定了孔径精度。

四、如何使用螺纹铣刀加工螺纹孔？

1. 螺纹铣刀

想一想

你使用的是哪种螺纹铣刀？

螺纹铣刀以齿数分：单齿螺纹铣刀、多齿螺纹铣刀和全齿螺纹铣刀。

螺纹铣刀以形式分：整体式螺纹梳刀和可换刀片式螺纹铣刀。

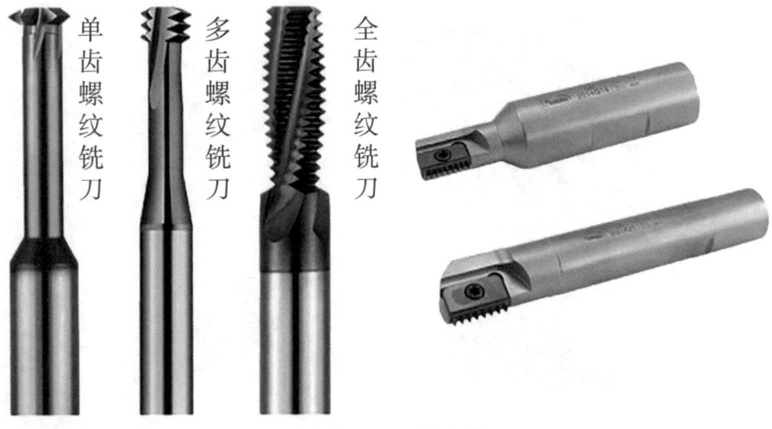

单齿螺纹铣刀 多齿螺纹铣刀 全齿螺纹铣刀

图 2-3-2 螺纹铣刀

2. 螺纹精度及检验

螺纹精度检验量具主要为：内螺纹——螺纹通止规；外螺纹——螺纹环规。

螺纹精度检测部位是螺纹的中径。

螺纹中径基本尺寸计算公式：螺纹大径值 − 螺距 ×0.6495

如零件中 M30×1.5 − 6 H 螺纹孔中径：

下限值：30 − 1.5×0.6495 + 0 ≈ 29.026 mm；

上限值：29.026 + 0.2（公差）= 29.226 mm。

螺纹公差可查阅表 2–3–2。

想一想

如何快速地查阅螺纹参数表？

表 2–3–2　常用公制螺纹参数表

<table>
<tr><th colspan="10">公制螺纹基本尺寸及公差（牙形角 60°）M</th></tr>
<tr><th rowspan="4">螺纹代号</th><th colspan="3">基本直径（单位：mm）</th><th colspan="4">内螺纹</th><th colspan="2">外螺纹</th></tr>
<tr><th rowspan="3">大径</th><th rowspan="3">中径</th><th rowspan="3">小径</th><th colspan="4">公差等级</th><th colspan="2">公差等级</th></tr>
<tr><th colspan="2">6H</th><th colspan="2">7H</th><th colspan="2">6g</th></tr>
<tr><th>中径公差</th><th>小径公差</th><th>中径公差</th><th>小径公差</th><th>中径公差</th><th>大径公差</th></tr>
<tr><td>M10×1</td><td>10</td><td>9.350</td><td>8.917</td><td>+0.150
0</td><td rowspan="3">+0.236
0</td><td>+0.190
0</td><td rowspan="3">+0.300
0</td><td>−0.026
−0.138</td><td rowspan="3">−0.026
−0.206</td></tr>
<tr><td>M12×1</td><td>12</td><td>11.350</td><td>10.917</td><td rowspan="2">+0.160
0</td><td rowspan="2">+0.200
0</td><td rowspan="2">−0.026
−0.144</td></tr>
<tr><td>M14×1</td><td>14</td><td>13.350</td><td>12.917</td></tr>
<tr><td>M12×1.25</td><td>12</td><td>11.188</td><td>10.647</td><td rowspan="2">+0.180
0</td><td rowspan="2">+0.265
0</td><td rowspan="2">+0.224
0</td><td rowspan="2">+0.335
0</td><td rowspan="2">−0.028
−0.160</td><td rowspan="2">−0.028
−0.240</td></tr>
<tr><td>M14×1.25</td><td>14</td><td>13.188</td><td>12.647</td></tr>
<tr><td>M12×1.5</td><td>12</td><td>11.026</td><td>10.376</td><td rowspan="6">+0.190
0</td><td rowspan="10">+0.300
0</td><td rowspan="6">+0.236
0</td><td rowspan="10">+0.375
0</td><td rowspan="6">−0.032
−0.172</td><td rowspan="10">−0.032
−0.268</td></tr>
<tr><td>M14×1.5</td><td>14</td><td>13.026</td><td>12.376</td></tr>
<tr><td>M16×1.5</td><td>16</td><td>15.026</td><td>14.376</td></tr>
<tr><td>M18×1.5</td><td>18</td><td>17.026</td><td>16.373</td></tr>
<tr><td>M20×1.5</td><td>20</td><td>19.026</td><td>18.376</td></tr>
<tr><td>M22×1.5</td><td>22</td><td>21.026</td><td>20.376</td></tr>
<tr><td>M24×1.5</td><td>24</td><td>23.026</td><td>22.376</td><td rowspan="4">+0.200
0</td><td rowspan="4">+0.250
0</td><td rowspan="4">−0.032
−0.182</td></tr>
<tr><td>M26×1.5</td><td>26</td><td>25.026</td><td>24.376</td></tr>
<tr><td>M27×1.5</td><td>27</td><td>26.026</td><td>25.376</td></tr>
<tr><td>M30×1.5</td><td>30</td><td>29.026</td><td>28.376</td></tr>
</table>

（续表）

<table>
<tr><th colspan="10">公制螺纹基本尺寸及公差（牙形角60°）M</th></tr>
<tr><th rowspan="4">螺纹代号</th><th colspan="3">基本直径（单位：mm）</th><th colspan="4">内螺纹</th><th colspan="2">外螺纹</th></tr>
<tr><th rowspan="3">大径</th><th rowspan="3">中径</th><th rowspan="3">小径</th><th colspan="4">公差等级</th><th colspan="2">公差等级</th></tr>
<tr><th colspan="2">6H</th><th colspan="2">7H</th><th colspan="2">6g</th></tr>
<tr><th>中径公差</th><th>小径公差</th><th>中径公差</th><th>小径公差</th><th>中径公差</th><th>大径公差</th></tr>
<tr><td>M33×1.5</td><td>33</td><td>32.026</td><td>31.376</td><td rowspan="4">+0.200
0</td><td rowspan="4">+0.300
0</td><td rowspan="4">+0.250
0</td><td rowspan="4">+0.375
0</td><td rowspan="4">−0.032
−0.182</td><td rowspan="4">−0.032
−0.268</td></tr>
<tr><td>M36×1.5</td><td>36</td><td>35.026</td><td>34.376</td></tr>
<tr><td>M39×1.5</td><td>39</td><td>38.026</td><td>37.376</td></tr>
<tr><td>M42×1.5</td><td>42</td><td>41.026</td><td>40.376</td></tr>
<tr><td>M27×2</td><td>27</td><td>25.701</td><td>24.835</td><td rowspan="7">+0.224
0</td><td rowspan="11">+0.375
0</td><td rowspan="7">+0.280
0</td><td rowspan="11">+0.475
0</td><td rowspan="7">−0.038
−0.208</td><td rowspan="11">−0.038
−0.318</td></tr>
<tr><td>M30×2</td><td>30</td><td>28.701</td><td>27.835</td></tr>
<tr><td>M33×2</td><td>33</td><td>31.701</td><td>30.835</td></tr>
<tr><td>M36×2</td><td>36</td><td>34.701</td><td>33.835</td></tr>
<tr><td>M39×2</td><td>39</td><td>37.701</td><td>36.835</td></tr>
<tr><td>M42×2</td><td>42</td><td>40.701</td><td>39.835</td></tr>
<tr><td>M45×2</td><td>45</td><td>43.701</td><td>42.835</td></tr>
<tr><td>M52×2</td><td>52</td><td>50.701</td><td>49.835</td><td rowspan="4">+0.236
0</td><td rowspan="4">+0.300
0</td><td rowspan="4">−0.038
−0.218</td></tr>
<tr><td>M60×2</td><td>60</td><td>58.701</td><td>57.835</td></tr>
<tr><td>M64×2</td><td>64</td><td>62.701</td><td>61.835</td></tr>
<tr><td>M72×2</td><td>72</td><td>70.701</td><td>69.S35</td></tr>
</table>

提示

为避免螺纹孔口毛刺伤人或影响质量，通常需要在螺纹孔口加工45°倒角，倒角量为：螺距×45°，倒角孔径为底孔直径。

3. 螺纹孔底孔（小径）加工

比测台零件图中M30×1.5－6 H螺纹孔的底孔（小径）计算方法：

最小值：30－1.5×1.0825 ≈ 28.376 mm；

最大值：28.376＋0.3（公差）＝28.676 mm。

在数控铣床上，这种直径规格的孔通常采用铣削加工获得。为避免在检验螺纹孔时加工获得的螺纹孔底径（小径）和用于检验的螺纹通止规小径产生干涉，通常加工的底孔尺寸趋向最大值，如在加工M30×1.5－6 H底孔时，可铣削至孔径Ø28.6 mm。

4. 螺纹铣刀加工螺纹孔

由于螺纹孔的中径无法测量，所以加工螺纹孔过程中，通常用控制螺纹孔的大径值来控制螺纹精度。

在已加工好的螺纹底孔基础上，使用螺纹梳刀，采用螺旋铣削的方式加工 M30×1.5－6 H 螺纹孔，螺旋下降值为螺距 1.5 mm。首次加工螺旋半径为：

（30− 螺纹梳刀直径 −0.3）/2

上式中，0.3 是 1.5 倍的中径公差值。

加工完后，用螺纹通止规检验，若通规拧不进，修改加工程序中的螺旋半径值 +0.1（螺纹中径公差），再次加工；循环往复，直至通规能旋入。

5. 使用螺纹铣刀加工螺纹的优缺点

优点：

螺纹铣刀能加工内、外螺纹。

使用丝锥进行螺纹切削时，经常出现底孔的精度问题导致螺纹精度降低、表面粗糙度值变大的情况，以及螺纹加工精度难以控制。使用螺纹铣刀可以确保较大的排屑空间，因为是铣削加工的关系，能够实现高精度、表面粗糙度值较小的螺纹孔加工。

使用丝锥加工螺纹孔时最大的问题就是折断时的清除作业。螺纹铣刀即使万一发生折断，也能够方便地加以清除。

缺点：

使用螺纹铣刀加工螺纹的效率较丝锥攻丝来得低。

想一想

比对螺纹铣刀加工螺纹孔和丝锥攻丝加工螺纹孔，哪一种方式能较容易保障螺纹孔的加工精度？

如图 2−3−3 所示，根据已排定的比测台零件上 M6－6 H×3 螺纹盲孔、Ø12H7 通孔、Ø32 深 8 台阶孔、Ø23H7 通孔、M30×1.5－6 H 螺纹孔的加工工艺步骤，学会编制各种类型孔的加工工艺。

1. 分析孔类型并拟定加工方式。

（1）M6－6 H×3 螺纹盲孔：普通三角螺纹孔，大径为 6 mm，精度 6H，数量 3，宜采用钻孔加攻丝的方式加工，螺纹精度使用 M6－6 H 螺纹塞规检验。

（2）Ø12H7 通孔：销钉孔，直径为 12 mm，精度 H 7，宜采用钻孔加铰孔的方式加工，使用 Ø12H7 塞规检验孔径是否在公差范围内。

（3）Ø32 深 8 台阶孔：普通孔，直径为 32 mm，自由公差，宜采用铣削方式加工，使用游标卡尺测量。

（4）Ø23H7 通孔：孔径最小值为 23 mm，最大值为 23.021 mm，因铣削无法保证孔的精度，宜采用铣削加镗孔方式加工，使用三点式内径千分尺测量。

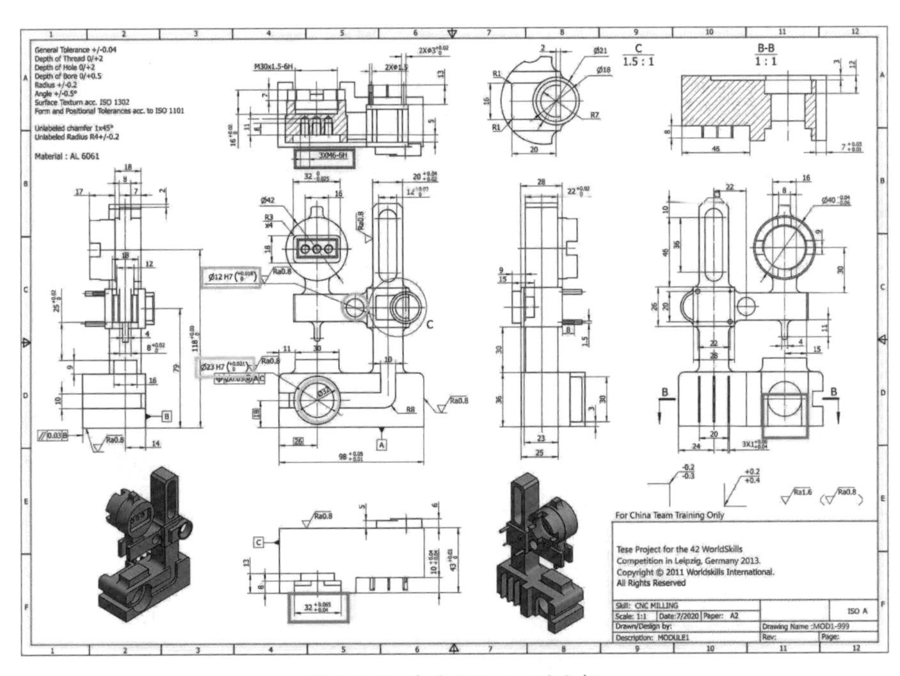

图 2–3–3　各类孔加工工艺分析

（5）M30×1.5－6H 螺纹孔：细牙螺纹孔，大径为 30 mm，螺纹精度 6 H，螺距 1.5 mm，宜采用镗孔加铣螺纹方式加工，螺纹精度使用 M30×1.5－6H 螺纹塞规检验。

2. 确定螺纹孔、销钉孔的底孔加工直径。

（1）M6－6H×3 螺纹盲孔，未标螺距代表是标准三角螺纹，螺距 1，按螺纹孔小径计算方法，得到：

最小值：6－1×1.0825 ≈ 4.918 mm；

最大值：4.918＋0.30（公差）＝5.218 mm；

取中间偏大值：Ø 5.1 mm。

孔深：11＋5.1÷2×tan30° ≈ 12.4 mm。

（2）Ø12H7 销钉孔：底孔 Ø11.8 mm。

（3）M30×1.5－6H 螺纹孔：底孔 Ø28.6 mm。

3. 制定 M6－6H×3、Ø12H7 孔加工工艺，如表 2–3–3 所示。

试一试

说出定心钻在此工步中的作用。若缺少这个工步，可能会造成什么样的结果？

表 2-3-3　小直径孔的加工工艺

加工设备	DMU 50	设备系统	SIEMENS 840D	工艺夹具	液压虎钳
工步	刀具		S/F	工艺方法说明	
定心	Ø10 定心钻		S1500/F500	对 3 个 M6 螺纹孔定位，钻孔深度 3.4 mm，带出螺纹孔口倒角；对 Ø12 销钉孔定位，钻孔深度 3 mm；定位可提高孔位置精度	
钻孔	Ø5.1 整体硬质合金麻花钻		S1500/F300	用硬质合金麻花钻钻孔有利于提高孔的位置精度及轴线直线精度。钻 3 个 M6 螺纹孔，深 12.4 mm；钻 Ø12 销钉孔底孔，深 30 mm	
扩孔	Ø11.8 整体硬质合金麻花钻		S1000/F300	从 Ø5.1 mm 扩至 Ø12 销钉孔底孔，深 30 mm。采用扩孔方式可以保障 Ø12 销钉孔在每次铰孔时余量一致	
攻丝	M6–6H 机用丝锥		S200/F200	3 个 M6 螺纹孔攻丝，F/S 比值要匹配螺距。因为是盲孔，丝锥选用上排屑形式，便于排屑	
检验	M6–6H 螺纹塞规		手动	螺纹有效深度检验用深度尺比对螺纹塞规在孔口高度和拧到底的高度值间的差值	
铰孔	Ø12H7 机用铰刀		S150/F50	若测量出的孔径小，可以调高 F 值；若测量出的孔径大，可以调高 S 值	
检验	Ø12H7 塞规		手动	塞规只检验合格与不合格，如通规都不通过，则可以再次加工；若止规通过，则该零件不合格	

4. 制定 Ø32、Ø23H7 孔加工工艺，如表 2-3-4 所示。

表 2-3-4　大直径孔的加工工艺

加工设备	DMU 50	设备系统	SIEMENS 840D	工艺夹具	液压虎钳
工步	刀具		S/F	工艺方法说明	
铣孔	Ø12 二刃铝用硬质合金铣刀		S3500/F2000	螺旋下刀铣削方式加工至孔径 Ø22 mm，孔深 40 mm	

想一想

为什么在此项加工中，未使用定心钻对孔的中心进行定位加工？

（续表）

加工设备	DMU 50	设备系统	SIEMENS 840D	工艺夹具	液压虎钳
工步	刀具		S/F	工艺方法说明	
粗镗孔	0.01 mm 刻度微调镗刀		S2000/F200	调整镗刀试切至孔口深 8 mm，确保镗孔至 Ø22.8 mm；镗孔 Ø22.8 mm，深 39.8 mm	
测量	三点式内径千分尺		手动	分别测量孔口、孔中、孔底部位，每个部位测量 2 次以上，第二次测量在上一次测量的平面方向旋转 30°，通过检测不同相位得出圆度误差，通过检测不同部位得出圆柱度误差	
精镗孔	0.01 mm 刻度微调镗刀		S2000/F160	打表调整镗刀偏心增量 10.5 刻度（0.105 mm），镗孔深 39.5 mm。Ø23H7 孔加工安排在台阶孔加工之前是为保证其距离以及避免试镗出错产生报废	
测量	三点式内径千分尺		手动	通过测量孔口、孔中、孔底检验是否达到公差要求。孔径小，调整镗刀再加工；孔径大，则该零件不合格	
铣孔	Ø12 二刃铝用硬质合金铣刀		S3500/F2000	螺旋下刀铣削方式加工至孔径 Ø32mm，台阶孔深 8mm	

想一想

为什么不一次性把 Ø23 的底孔和 Ø32 的台阶孔加工到位，要用铣—镗—铣的工艺流程？

5. 制定 M30×1.5－6H 孔加工工艺，如表 2-3-5 所示。

表 2-3-5　M30×1.5－6H 孔加工工艺

加工设备	DMU 50	设备系统	SIEMENS 840D	工艺夹具	液压虎钳
工步	刀具		S/F	工艺方法说明	
粗铣孔	Ø12 二刃铝用硬质合金铣刀		S3500/F2000	螺旋下刀铣削方式加工至孔径 Ø20 mm，孔深 15.8 mm	
粗铣孔	Ø12 二刃铝用硬质合金铣刀		S3500/F2000	螺旋下刀铣削方式加工至孔径 Ø28.6 mm，孔深 15.8 mm	

（续表）

加工设备	DMU 50	设备系统	SIEMENS 840D	工艺夹具	液压虎钳
工步	刀具		S/F	工艺方法说明	
精铣孔底	Ø12 二刃铝用硬质合金铣刀		S3500/F2000	精加工 Ø28.6 孔部底面，刀具切削刃最大轨迹 Ø28.4 mm（为保障刀具只有底刃受力），加工深度 16.01 mm	
铣倒角	Ø10 定心钻		S3500/F2000	孔口倒角 2 × 45°	
铣内螺纹	Ø12 螺距 1.5 螺纹铣刀		S3000/F2000	螺旋下刀铣削方式，每圈下降 1.5 mm	
检测	M30 × 1.5 − 6H 螺纹塞规		手动	螺纹塞规检验，通规拧不进，螺旋下刀半径调大 0.1 mm 后，重复铣内螺纹动作	

总结评价

依据世界技能大赛的评分细则，本任务的评分标准如表 2–3–6 所示。

表 2–3–6　任务评价表

序号	评价项目	评分标准	分值	得分
1	加工工艺知识	说出 5 种类型的孔，并说出对应的加工方式，答出 1 项得 3 分	30	
2	加工工艺编制	说出加工孔 Ø10 + 0.012 的完整工艺流程，漏答 1 项扣 2 分	10	
3		说出加工孔 Ø50 + 0.025 的完整工艺流程，漏答 1 项扣 2 分	10	
4	尺寸工艺计算	说出钻削 M10 螺纹孔底孔的麻花钻直径，答对得 5 分	5	
5		计算螺纹孔 M42 × 1.5 的小径最大值、最小值；中径最大值、最小值；孔口倒角尺寸，答出 1 项得 5 分	25	
6	职业素养	对待工作、学习的态度，就像镗孔时调整镗刀，一丝不苟	20	

想一想

针对自己的失分项，如何总结问题？

学会了内螺纹加工工艺流程，接着再来学学外螺纹的铣削加工工艺流程。

要求：加工一处 M27×1.5－6g 外螺纹，外螺纹有效长度为 30 mm。

一、确定 M27×1.5-6g 大径

螺纹的大径无须计算，查表即可得出大径尺寸范围：Ø26.732～Ø26.968 mm。为避免螺纹配合时内、外螺纹形成过盈配，外螺纹大径取下限偏上，即 Ø26.75～Ø26.80 mm，还可以避免压形过尖而产生毛刺，对人体造成伤害。

二、确定螺纹加工刀具或工具

1. 板牙

板牙相当于一个具有很高硬度的螺母，螺孔周围制有多个排屑孔，一般在螺孔的两端磨有切削锥，如图 2-3-4 所示。板牙可装在板牙扳手中用手工加工螺纹，也可装在板牙架中在机床上使用。当加工出的螺纹中径超出公差时，可将板牙上的调节槽切开，以便调节螺纹的中径。板牙加工出的螺纹精度较低，但由于结构简单、使用方便，在单件、小批生产和修配中仍得到广泛应用。

图 2-3-4　板牙工具

想一想

若要生产 10 万根压板用双头螺栓，应采用哪类工具和方式加工？

2. 搓丝板

搓丝板须装在搓丝机上使用，是用于加工丝锥、螺栓的一种专用刀具，如图 2-3-5 所示。其加工原理是冷挤压成型。冷挤压成型具有生产效率高、加工成本低、加工出的螺纹精度和强度高、表面质量好等优点，得到了广泛的应用。

图 2-3-5　搓丝板

上述两种工具都是加工外螺纹的常用、高效加工工具，但明显不适合在数控铣设备上使用，所以这里仍旧采用螺纹铣刀来加工外螺纹。

确定的工艺方案如表 2-3-7 所示。

表 2-3-7　M27 × 1.5 − 6g 外螺纹加工工艺

加工设备	DMU 50	设备系统	SIEMENS 840D	
步骤	工序内容	刀具	转速 S（r/min）	进给 F（mm/min）
1	铣削 Ø26.8 mm 圆柱，高 33 mm	Ø12 立铣刀	S3500	F2000
2	铣削倒角 2.5 × 45°	Ø10 定心钻	S3500	F2000
3	铣削螺纹 M27 × 1.5，长度 31 mm	Ø12 螺纹铣刀，螺距 1.5 mm	S3000	F2000
4	检验螺纹，通规拧不进，Ø12 螺纹铣刀收刀补 0.1，然后重复 3 ~ 4 加工	螺纹环规		

思考与练习

1. 为什么铣削螺纹 M30 × 1.5 − 6H 精加工时，每次收刀补 0.1 mm？
2. 钻削 M10 螺纹底孔时，应选用多少直径规格的麻花钻？
3. 技能训练：在数控铣床上加工一个 M8 内六角螺栓沉头孔，试编制工艺流程，填写在表 2-3-8 中。

想一想

选择麻花钻时，螺纹底孔尺寸如何计算？

表 2-3-8　M8 内六角螺栓沉头孔工艺流程编制记录表

加工设备	DMU 50	设备系统	SIEMENS 840D	
步骤	工序内容	刀具	转速 S（r/min）	进给 F（mm/min）
1				
2				
3				
4				
5				
6				
7				
8				

想一想

如何快速合理地编制工序内容？

模块三

建立模型与自动编程

零件建模与自动编程主要是指利用计算机辅助完成从生产准备到产品制造整个过程的活动，即通过直接或间接地把计算机与制造过程和生产设备相联系，用计算机系统进行制造过程的计划、管理以及对生产设备的控制、操作和运行，处理产品制造过程中所需的数据，控制和处理物料（毛坯和零件等）的流动，对产品进行测试和检验等。

本模块内容融入了世界技能大赛数控铣项目中零件加工前使用专用软件进行绘制与编程的具体操作要求，通过本模块学习，能够运用软件菜单中相关命令对零件进行线框绘制和建模，根据建立的模型选择合理的加工方式和切削参数，模拟刀具走刀路径与仿真切削加工，并通过后处理生成正确加工程序，如图 3-0-1 所示。

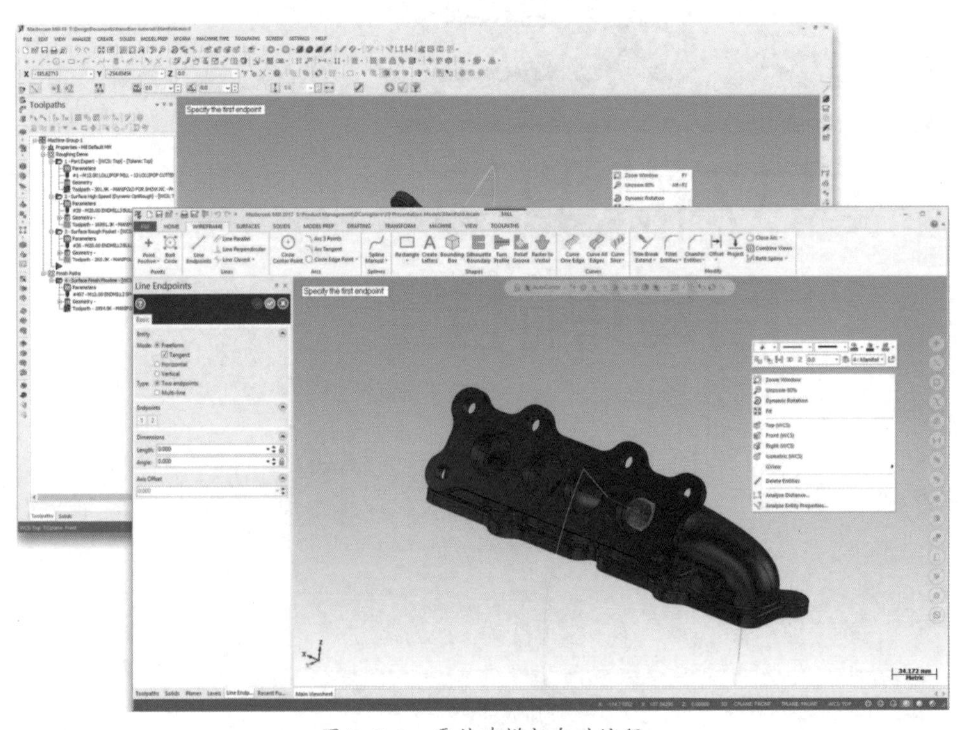

图 3-0-1 零件建模与自动编程

任务 1　绘制 2D 线框与 3D 建模

1. 能使用 CAM 软件的各种功能指令。
2. 能根据零件图要求正确快速绘制 2D 线框。
3. 能根据零件图要求正确快速建立 3D 实体模型。
4. 养成严谨细致、一丝不苟、精益求精的工匠精神以及对新知识、新技能迁移学习的能力。

学习了加工工艺之后，需要编制加工程序，而编制程序的第一步就是绘制 2D 线框与 3D 建模。

CAM 软件编程前需要绘制 2D 线框与 3D 建模，首先需要了解 2D 线框与 3D 建模是什么，还要掌握 CAM 软件的功能与使用方法。

查一查

2D 线框与 3D 模型有哪些格式？

一、什么是 2D 线框？

2D 线框可以生成、修改、处理二维和三维线框几何体，可以生成点、直线、圆、二次曲线、样条曲线等，又可以对这些基本线框元素进行修剪、延伸分段、连接等处理，生成更复杂的曲线。线框模型的另一种方法是通过三维曲面的处理来进行，即利用求曲面与曲面的交、曲面的等参数线、曲面边界线、曲线在曲面上的投影、曲面在某一方向的分模线等方法来生成复杂曲线。实际上，线框功能是进一步构造曲面和实体模型的基础工具。在复杂产品的设计中，往往是先用线条勾画出基本轮廓，即所谓“控制线”，然后逐步细化，在此基础上构造出曲面和实体模型。

二、2D线框是由什么构建的?

查一查

2D线框中还有哪些基本图形元素?

2D线框由一些基本图形元素构建，这些图形元素包括点、线段、圆弧等。

1. 点的构建

点是最基本的图形元素，线条由无数个点构成，一个完整图形则会包含若干个线条。绘制点常常是为了定位图素，如两个端点定位一条线段，圆心点可以定位一个圆（圆弧）的位置。

2. 直线的构建

（1）水平线是在当前构图面上生成与工作坐标系X轴平行的线段。

（2）垂直线是在当前构图面上生成与工作坐标系Y轴平行的线段。

（3）任意线段是由两个任意点生成一条直线段。这两个点可以用鼠标选取，也可以用键盘输入坐标，生成一条三维直线段。

（4）连续线是连接多个任意点生成一条连续折线。每个点可以用键盘输入，生成一条三维连续折线。

3. 圆弧的构建

想一想

直线与圆弧之间相互快速捕捉的方式有哪些?

（1）极坐标是指定圆心点、半径、起始角度、终止角度来生成一个圆弧或指定起始（终止）点、半径、起始角度、终止角度来生成一个圆弧。

（2）两点画弧是指定圆周上的两个端点和圆弧半径来生成一个圆弧。

（3）三点画弧是指定不在同一条直线上的三个点来生成一个圆弧。

（4）切弧是生成与已知的直线或圆弧相切的圆弧。

三、什么是3D建模?

3D建模是指在CAM软件中建立实体模型，实体建模是定义一些基本体素，通过基本体素的集合运算或变形操作生成复杂形体的一种建模技术，其特点在于三维立体的表面与其实体同时生成。由于实体建模能够定义三维物体的内部结构形状，因此能完整地描述物体的所有几何信息和拓扑信息，包括物体的体、面、边和顶点的信息。

四、为什么自动编程时要绘制零件的2D线框与3D实体模型?

CAM加工程序是根据绘制出的2D线框与3D实体模型进行编程的，需要根据图纸要求，使用CAM软件的绘制功能，正确绘制比测台零件的2D线框，再进行3D建模，确保零件模型正确，才能进行刀路的生成。

五、CAM软件中有哪些2D线框与3D建模绘制功能和方法？

1. 体素法

实体模型一般都是复杂形体，都是采用在计算机内存储的基本体素（如长方体、圆柱体、球体、锥体、圆环体以及扫描体等）通过集合运算（布尔运算）来生成。实体建模主要包括两部分，即体素的定义及描述、体素的运算（并、交、差）。

体素是现实生活中真实的三维实体。根据体素的定义方式，可分为两大类体素：一类是基本体素，有长方体、球、圆柱、圆锥、圆环、锥台等；另一类是扫描体素，又可分为平面轮廓扫描体素和三维实体扫描体素。

2. 扫描法

用曲线、曲面或形体沿某一路径运动后生成2D轮廓或3D物体的实体图形。扫描变换需要两个分量，一是给出一个运动形体，称为基体；另一个是指定形体运动的路径。

利用基体的变形操作实现表面形状较为复杂的物体的建模方法称为扫描法，扫描法又分为平面轮廓扫描和整体扫描两种方法。

（1）平面轮廓扫描法

这种方法的基本思想是由任一平面轮廓在空间平移一个距离或绕一固定的轴旋转来形成一个实体图形。

（2）整体扫描法

三维实体扫描法就是首先定义一个三维实体作为扫描基体，让此基体在空间运动来形成实体图形。运动可以是沿某一方向移动，也可以是绕某一轴线转动，或是绕某一点摆动。

想一想

体素法与扫描法各有哪些优缺点？

CAM软件常用的绘制功能有连续线、已知点画圆、矩形、修剪到图素、图素倒圆角、倒角、补正、投影等，常用建模功能有拉伸、固定半倒圆角、单一距离倒角，如表3-1-1所示。

表3-1-1　CAM软件常用功能

功能名称	功能介绍	所属功能界面
连续线	绘制连接两点任意线、水平线、垂直线的功能	线框
已知点画圆	已知圆心，以半径或直径绘制圆	线框
矩形	已知点，以宽度与高度绘制矩形	线框

想一想

如何配合绘制功能的相互使用来提高绘制线框效率？

（续表）

功能名称	功能介绍	所属功能界面
修剪到图素	修剪或打断单一线段、两线段、三线段	线框
图素倒圆角	两线段倒圆角、内切、全圆	线框
倒角	两线段以单距离、两距离、角度、宽度倒角	线框
补正	线段以距离复制或移动偏移	线框
投影	将线段按深度复制或移动进行投影	线框
拉伸	实体拉伸将串联线框进行创建主体、切割主体、添加凸台	实体
固定半倒圆角	对实体边进行固定倒圆角半径	实体
单一距离倒角	对实体边进行单一距离倒角	实体

一、完成图 3-1-1 所示零件的 2D 轮廓绘制

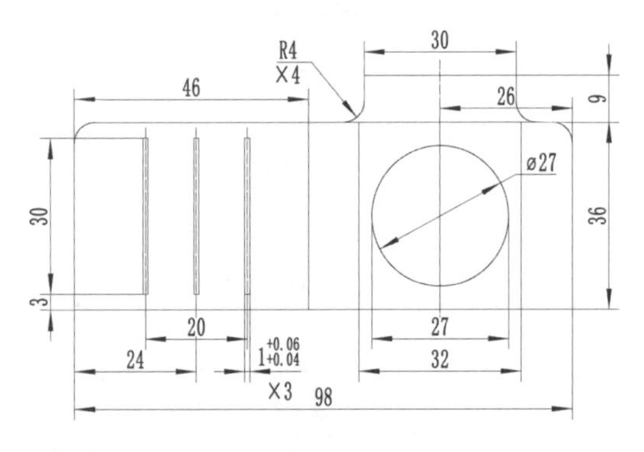

图 3-1-1　比测台零件部分图形

1. 绘制 98×36 矩形轮廓，如表 3-1-2 所示。

表 3-1-2　绘制 98 × 36 矩形轮廓

序号	内容	示意图	说明
1	绘制 98 × 36 矩形轮廓		使用矩形指令绘制 98 mm × 36 mm 矩形的轮廓
2	绘制 98 × 36 矩形轮廓圆角		使用倒圆角指令绘制 98 mm × 36 mm 矩形上半部分的 R4 圆角

注意事项

绘制时仔细输入尺寸数值，避免粗心错误。

2. 绘制 30×1 矩形轮廓，如表 3-1-3 所示。

表 3-1-3　绘制 30 × 1 矩形轮廓

序号	内容	示意图	说明
1	绘制 30 × 1 矩形轮廓辅助线		使用补正指令偏移线段，偏移距离为 24 mm
2	绘制 30 × 1 矩形轮廓辅助线		使用补正指令偏移线段，偏移距离为 10 mm
3	绘制 30 × 1 矩形轮廓		使用补正指令左右偏移线段，偏移距离为 1 mm
4	绘制 30 × 1 矩形轮廓		使用修剪指令修剪 30 mm × 1 mm 矩形
5	绘制 3 个 30 × 1 矩形轮廓		以绘制好的 30 mm × 1 mm 的矩形轮廓向右平移复制出另外两个轮廓，距离为 10 mm

想一想

如何选择可以快速修剪完成线框？

注意事项

满足镜像与旋转或阵列功能时，尽量使用该类功能，避免重复绘制相同轮廓。

3. 绘制 46mm 的台阶轮廓，如表 3–1–4 所示。

表 3–1–4　绘制 46mm 的台阶轮廓

序号	内容	示意图	说明
1	绘制 46mm 的台阶轮廓	46.0000	使用补正指令向右偏移线段，偏移距离为 46 mm 并修剪

4. 绘制直径 27mm 的圆轮廓，如表 3–1–5 所示。

提示

根据图纸尺寸，正确绘制轮廓。

表 3–1–5　绘制直径 27mm 的圆轮廓

序号	内容	示意图	说明
1	绘制直径为 27mm 的圆轮廓辅助线	26.0000	使用补正指令向左偏移线段，偏移距离为 26 mm
2	绘制直径为 27mm 的圆轮廓辅助线	18.0000	使用补正指令向上偏移线段，偏移距离为 18 mm
3	绘制直径为 27 mm 的圆轮廓	Ø 27.0000	以两条辅助线交点为圆心，利用指令画直径为 27 mm 的圆
4	绘制宽 27 mm 的槽轮廓		利用补正指令将圆心辅助线左右各偏移 13.5 mm 并修剪

注意事项

避免绘制误差导致圆与槽的轮廓无法完整相切。

5. 绘制宽 32 mm 的槽轮廓，如表 3–1–6 所示。

表 3–1–6　绘制宽 32 mm 的槽轮廓

序号	内容	示意图	说明
1	绘制宽 32 mm 的槽轮廓	32.0000	利用补正指令将圆心辅助线左右各偏移 16 mm 并修剪

6. 绘制 30×9 矩形轮廓，如表 3-1-7 所示。

表 3-1-7　绘制 30×9 矩形轮廓

序号	内容	示意图	说明
1	绘制 30×9 矩形轮廓辅助线	11.0000	使用补正指令向左偏移线段，偏移距离为 11 mm
2	绘制 30×9 矩形轮廓辅助线	30.0000	使用补正指令向左偏移线段，偏移距离为 30 mm
3	绘制 30×9 矩形轮廓辅助线	9.0000	使用补正指令向上偏移线段，偏移距离为 9 mm
4	绘制 30×9 矩形轮廓		删除多余辅助线并用修剪指令修剪轮廓
5	绘制 30×9 矩形轮廓		在 30 mm×9 mm 矩形轮廓下方与 98 mm×36 mm 矩形轮廓交界处绘制 R4 圆角
6	完成绘制		删除多余辅助线并用修剪指令修剪轮廓

提示

使用自定义快捷键增加绘制速度。

注意事项

删除多余辅助线时注意不要误删零件轮廓线。

二、完成图 3-1-1 所示零件的 3D 建模

1. 轮廓分层，如表 3-1-8 所示。

表 3-1-8　轮廓分层

序号	内容	示意图	说明
1	分层		使用投影指令将各个轮廓分别投影至各个深度

注意事项

仔细、正确输入各轮廓的深度数据，防止发生输入差错。

2. 创建主体，如表 3–1–9 所示。

表 3–1–9　创建主体

序号	内容	示意图	说明
1	创建主体		利用拉伸指令，将最大外轮廓拉伸为一个主体

3. 添加凸台，如表 3–1–10 所示。

表 3–1–10　添加凸台

序号	内容	示意图	说明
1	添加凸台		使用添加凸台功能将外形轮廓拉伸，与主体连接

想一想

在建模的过程中，出现被切割的凸台时，应该怎样处理？

注意事项

在同一实体图形中通过拉伸来添加凸台。

4. 切割主体，如表 3–1–11 所示。

表 3–1–11　切割主体

序号	内容	示意图	说明
1	切割主体		使用切割主体功能切割出内轮廓孔与槽

5. 完成建模，如表 3–1–12 所示。

表 3–1–12　完成建模

序号	内容	示意图	说明
1	完成建模		隐藏多余辅助线，检查实体图形是否正确

注意事项

确保完成的模型为一个整体，避免拆分影响后续编程。

总结评价

依据世赛评分要求，本任务的评分标准如表 3-1-13 所示。

表 3-1-13　任务评价表

序号	评价项目	评分标准	分值	得分
1	零件绘制	正确完成绘制 98 × 36 矩形轮廓	10	
2		正确完成绘制 30 × 1 矩形轮廓	10	
3		正确完成绘制直径 27mm 的圆轮廓	10	
4		正确完成绘制 32mm 的槽轮廓	10	
5		正确完成绘制 30 × 9 矩形轮廓	10	
6	零件建模	正确完成线框轮廓的投影分层	5	
7		正确建立建模的主体	15	
8		正确在主体上完成添加凸台	15	
9		正确完成实体上切割主体	15	

拓展学习

CAM 快捷键是指在 CAM 软件操作中，为方便使用者，利用快捷键代替鼠标。可以利用键盘快捷键发出命令，完成绘图、修改、保存等操作。这些命令键就是 CAM 快捷键。

查一查

CAD 软件中的快捷键中有哪些和 CAM 软件相同？

想一想

还有哪些快捷键需要预先设置？

设置自定义快捷键，有助于快速应用工具。常用的绘图功能指令与刀路功能指令都可以设置快捷键，如图 3–1–2 所示。

图标	功能	快捷方式	图标	功能	快捷方式
	关于 Mastercam	Alt+V		平移	方向键
	分析图素	F4		粘贴	Ctrl+V
	自动保存	Alt+A		平面管理器	Alt+L
	配置 Mastercam	Alt+F8		重做	Ctrl+Y
	复制到剪贴板	Ctrl+C		旋转	Alt+方向键
	剪切到剪贴板	Ctrl+X		旋转位置	Alt+F12
	删除图素	F5		运行加载项	Alt+C
	分割	Shift+D		保存	Ctrl+S
	标注选项	Alt+D		另存为	Ctrl+Shift+S
	退出 Mastercam	Alt+F4		全选	Ctrl+A

图 3–1–2　快捷键参考图

1. 2D 线框由哪些部分组成？
2. 当以正反面绘制建立两个模型时，如何在模型的不同平面上造型？
3. 技能训练：完成图 3–1–3 所示零件的绘制与建模。

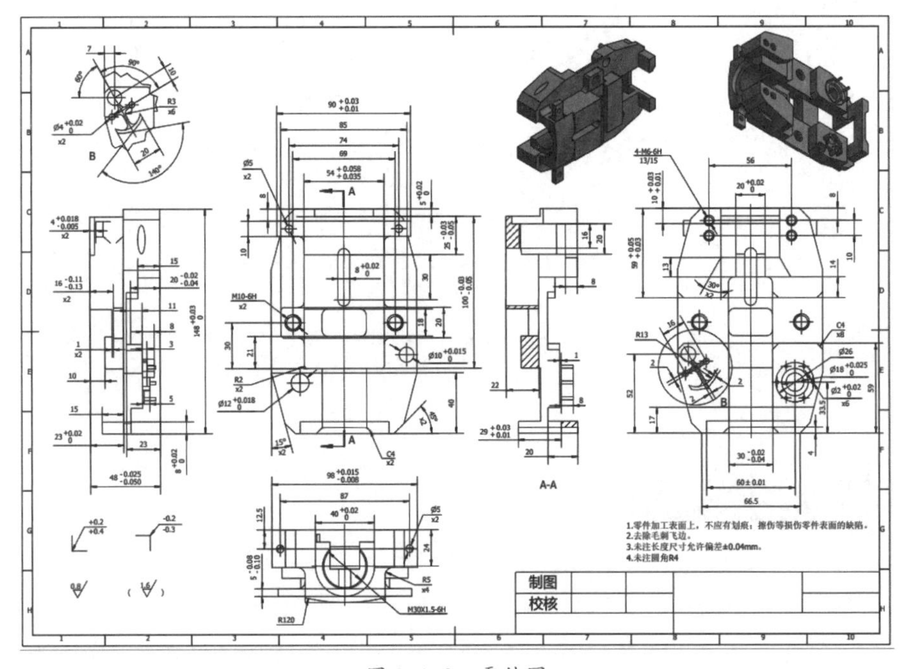

图 3–1–3　零件图

任务 2　编制刀路与自动编程

学习目标

1. 能够熟练使用 CAM 软件的编程指令，并学会这些指令的实际应用。
2. 能根据切削手册设置最佳切削参数。
3. 能正确生成刀路，完成 2D 或 3D 切削模拟，并根据模拟结果进行正确修改。
4. 养成严谨细致、一丝不苟、精益求精的工匠精神以及对新知识、新技能迁移学习的能力。

情景任务

完成了比测台零件的 2D 线框绘制与 3D 建模后，接下来需要编制刀路与自动编程。使用 CAM 软件编制刀路的功能，按照工艺要求与刀具的参数完成 2D 或 3D 切削模拟与自动编程，并根据模拟结果进行程序修改。

思路与方法

一、什么是编制刀路？

编制刀路是指利用 CAM 软件的指令生成加工的刀具轨迹，是实现加工的关键环节。它是通过零件几何模型，根据所选用的加工机床、刀具、走刀方式以及加工余量等工艺方法进行刀位计算并生成加工刀具运动轨迹。刀具轨迹的生成能力直接决定所生成的加工程序对工件的加工质量。

想一想

能不能通过分析刀具轨迹来判断刀路是否正确？

二、什么是自动编程？

自动编程是利用 CAM 软件来编制数控加工程序，编程人员只须根据零件图的要求，使用数控语言，由计算机自动地进行数值计算及后置处理，编写出零件加工程序，加工程序通过直接通信的方式送入数控机床，指挥机床工作。高质量的数控加工程序除应保证编程精度和避免干涉外，同时应满足通用性好、加工时间短、编程效率高、代码量小等要求。

三、为什么加工前要编制刀路与自动编程？

在加工前编制刀路与自动编程，是为了根据已编排的加工工艺步骤，将零件图中的要求和数据，编制生成机床能识别的程序，才能够让机床完成符合要求的零件加工。

四、常用的编制刀路功能有哪些？

想一想

这些刀路功能哪些适用于粗加工？哪些适用于精加工？

加工比测台零件需要使用软件中的优化动态粗切、区域、外形、动态铣削和模型倒角等功能，如表 3–2–1 所示。

表 3–2–1　刀路功能

功能名称	功能介绍	所属功能界面
优化动态粗切	优化动态粗切刀路利用其刀具的整个有效刃长来实现高效率的铣削，最大限度地去除材料和减少刀具磨损，根据模型自动计算切削范围与避让轮廓	铣床刀路（3D）
区域	区域刀路是快速加工封闭型腔、开放凸台或先前操作剩余的残料区域加工	铣床刀路（2D）
外形	外形刀路是刀具按照用户定义的外形轮廓以及指定深度进行加工，常用于精壁边精修、轮廓边界倒角以及狭窄键槽斜插加工等	铣床刀路（2D）
动态铣削	动态铣削刀路可进行型腔、残料、凸台或中心除料加工。通过设定加工区域“封闭”或“开放”的方式，可以创建一个基于动态或面铣技术的凹型刀路来避免岛屿区域的加工	铣床刀路（2D）
模型倒角	模型倒角刀路是基于实体模型针对多个不同平面的实体边缘进行高效倒角加工，串联图形、侧面间隙、避让模型以及切削参数设置，操作方便又快捷	铣床刀路（2D）

一、比测台零件粗加工刀路编制与仿真

完成图 3-2-1 所示比测台零件面的粗加工刀路编制与仿真，如表 3-2-2 所示。

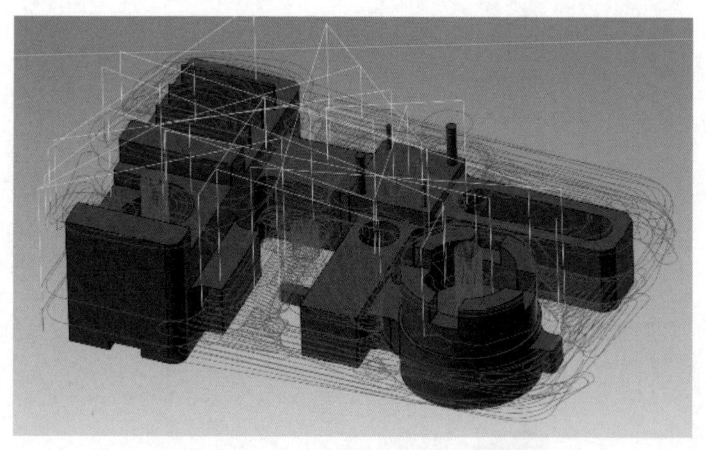

图 3-2-1　比测台零件粗加工刀路参考

表 3-2-2　粗加工刀路

步骤	功能	示意图	操作要求
1	优化动态粗切	加工图形 名称 图素 壁预留量 底面预留… machining 233 0.3 0.3 避让图形 名称 图素 壁预留量 底面预留… avoidance 12 0.3 0.3	选择加工图形与避让图形
2	优化动态粗切	编号 装配名称 刀具名称 刀柄名称 1 -- 螺纹铣刀 -... -- 1 -- 钻头 - 5 -- 1 -- 16 平底刀 -- 1 -- 12 平底刀 -- 1 -- 8 平底刀 -- 1 -- 6 倒角刀 -- 按鼠标右键=编辑/定义刀 选择刀库刀具...　☐启用刀具过滤　刀具过滤(E)... 刀具直径: 12.0 刀角半径: 0.0 刀具名称: 12 平底刀 刀具编号: 1　刀长补正: 1 刀座编号: 0　直径补正: 1 ☐RCTF　主轴方 顺时针 进给速率: 2000.0　主轴转 4500 每齿进刀量: 0.1111　线速度: 169.6513 下刀速率: 2000.0　提刀速率: 1200.0 ☐强制换刀　☑快速提刀	设置刀具以及参数
3	优化动态粗切	间距 切削间距 20.0 % 2.4 分层深度 200.0 % 24.0 ☑步进量 10.0 % 1.2 ☐垂直铣削壁边 最小刀路半径 10.0 % 1.2	设置刀路切削参数

想一想

粗加工刀路有哪些类型？

提示

编程说明：坐标系原点为正上方 150 mm × 100 mm 中心处，上表面余量为 0.3 mm，加工深度为 18 mm。

提示

具体工序详见模块四任务 3 比测台粗加工工艺。

想一想

设置刀路进刀方式的作用是什么？

（续表）

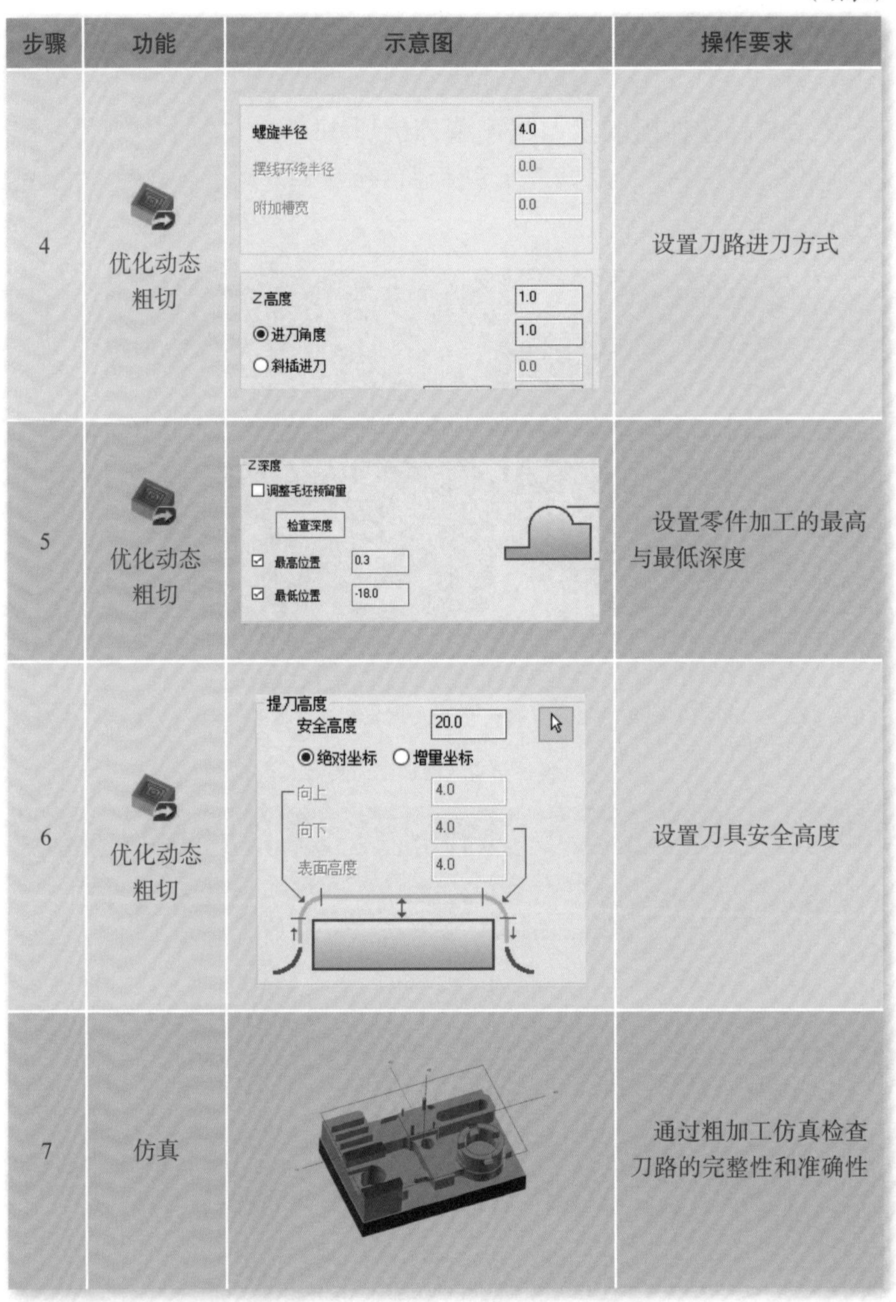

步骤	功能	示意图	操作要求
4	优化动态粗切		设置刀路进刀方式
5	优化动态粗切		设置零件加工的最高与最低深度
6	优化动态粗切		设置刀具安全高度
7	仿真		通过粗加工仿真检查刀路的完整性和准确性

注意事项

（1）根据工艺合理设置涉及的参数。

（2）根据工艺合理控制切削间距，并根据刀具参数合理控制分层深度。

（3）挖槽区不小于刀具直径。

（4）仔细观察仿真结果，避免过切和欠切。

二、比测台零件的精加工刀路编制

完成图 3–2–2、3–2–3 所示比测台零件面的精加工刀路编制，如表 3–2–3 所示。

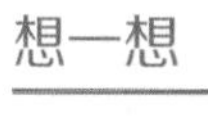

想一想

精加工刀路有哪些类型？

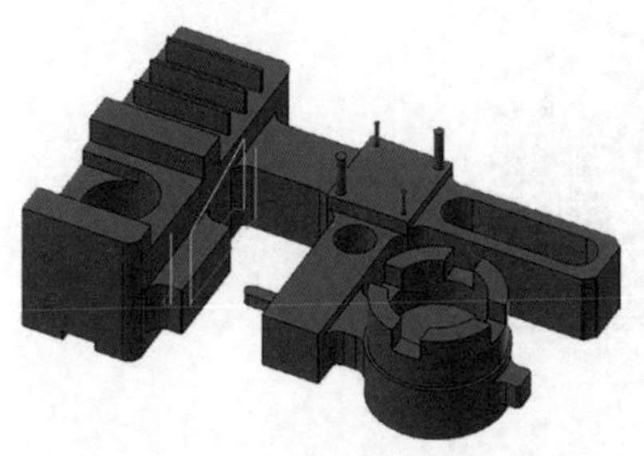

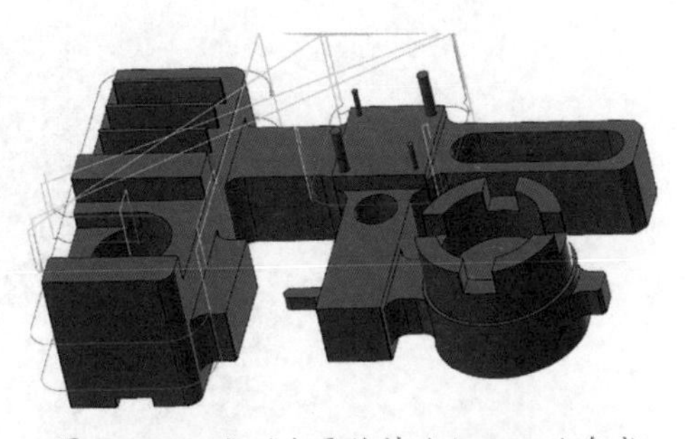

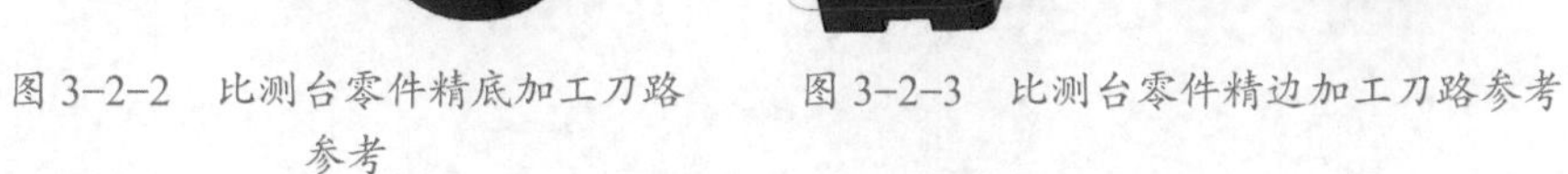

图 3–2–2　比测台零件精底加工刀路参考

图 3–2–3　比测台零件精边加工刀路参考

表 3–2–3　精加工刀路

步骤	功能	示意图	操作要求
1	区域		选择刀路加工范围
2	区域		选择刀路避让范围
3	区域	编号 装配名称 刀具名称 刀柄名称 1 - 螺纹铣刀 -... - 1 - 钻头 - 5 - 1 - 16 平底刀 - 1 - 12 平底刀 - 1 - 8 平底刀 - 1 - 6 倒角刀 - 按鼠标右键-编辑/定义刀 选择刀库刀具... □启用刀具过滤 刀具过滤(E)... 刀具直径: 12.0 刀角半径: 0.0 刀具名称: 12 平底刀 刀具编号: 1 刀长补正: 1 刀座编号: 0 直径补正: 1 □RCTF 主轴方 顺时针 进给速率: 2000.0 主轴转 4500 每齿进刀量: 0.1111 线速度: 169.6513 下刀速率: 2000.0 提刀速率: 1200.0 □强制换刀 ☑快速提刀	设置刀具以及参数
4	区域	切削方向 顺铣 校刀位置 刀尖 ☑刀具在转角处走圆角 最大半径 1.0 轮廓公差 1.0 补正公差 1.0 XY 步进量 刀具直径 % 88.0 最小距离 5.808 最大距离 10.56 两刀具切削间隙保持在 ○距离 12.0 ◉刀具直径 % 100.0 壁边预留量 0.35 底面预留量 0.0	设置刀路切削参数

（续表）

步骤	功能	示意图	操作要求
5	区域	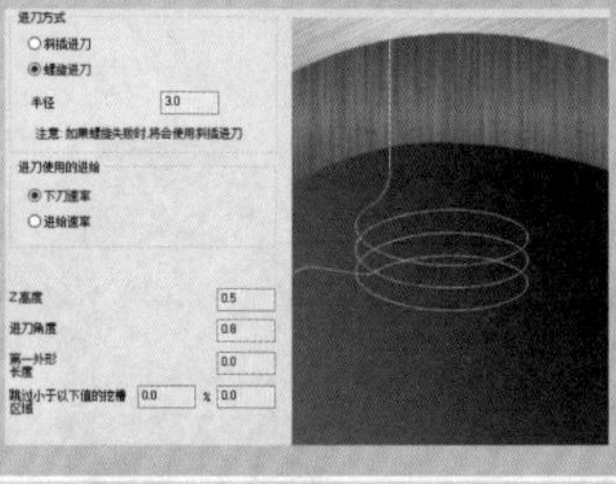 进刀方式 ○斜插进刀 ◉螺旋进刀 半径 3.0 注意：如果螺旋失败时，将会使用斜插进刀 进刀使用的进给 ◉下刀速率 ○进给速率 Z高度 0.5 进刀角度 0.8 第一外形长度 0.0 跳过小于以下值的挖槽区域 0.0 % 0.0	设置刀路进刀方式
6	区域	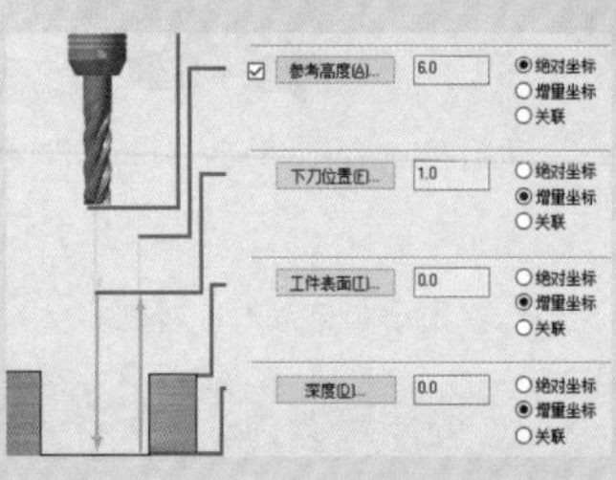 ☑ 参考高度(A)... 6.0 ◉绝对坐标 ○增量坐标 ○关联 下刀位置(F)... 1.0 ○绝对坐标 ◉增量坐标 ○关联 工件表面(T)... 0.0 ○绝对坐标 ◉增量坐标 ○关联 深度(D)... 0.0 ○绝对坐标 ◉增量坐标 ○关联	设置刀具安全高度、下刀位置、工件表面高度和加工深度
7	仿真		通过精加工底部仿真检查刀路的完整性和准确性
8	外形	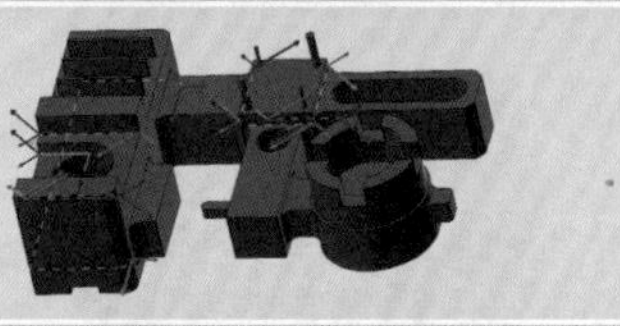	选择刀路加工轮廓
9	外形	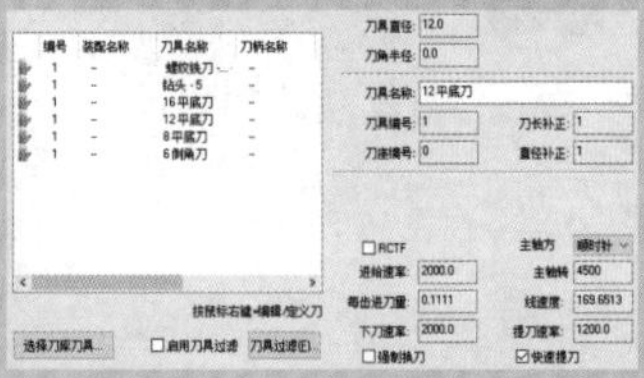 编号 装配名称 刀具名称 刀柄名称 1 - 螺纹铣刀 - - 1 - 钻头 -5 - 1 - 16平底刀 - 1 - 12平底刀 - 1 - 8平底刀 - 1 - 6倒角刀 - 按鼠标右键=编辑/定义刀 选择刀库刀具... ☐启用刀具过滤 刀具过滤(F)... 刀具直径: 12.0 刀角半径: 0.0 刀具名称: 12平底刀 刀具编号: 1 刀长补正: 1 刀座编号: 0 直径补正: 1 ☐RCTF 主轴方向 顺时针 进给速率: 2000.0 主轴转速 4500 每齿进刀量: 0.1111 线速度 169.6513 下刀速率: 2000.0 提刀速率: 1200.0 ☐强制换刀 ☑快速提刀	设置刀具以及参数
10	外形	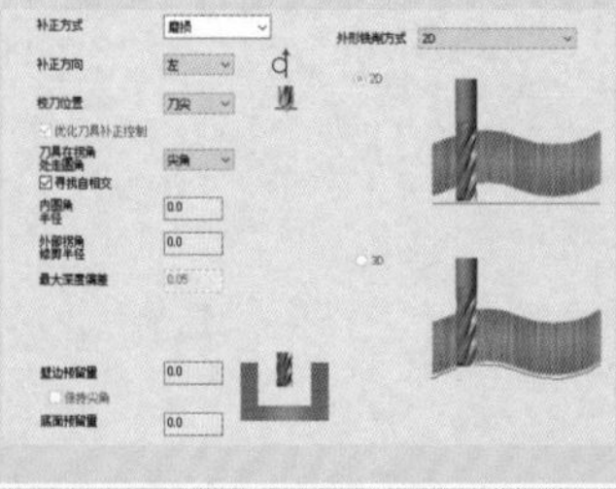 补正方式 磨损 补正方向 左 校刀位置 刀尖 优化刀具补正控制 刀具在拐角处走圆角 尖角 ☑寻找自相交 内圆角半径 0.0 外部拐角修剪半径 0.0 最大深度偏差 0.05 壁边预留量 0.0 保持尖角 底面预留量 0.0 外形铣削方式 2D 2D 3D	设置刀路切削参数
11	外形	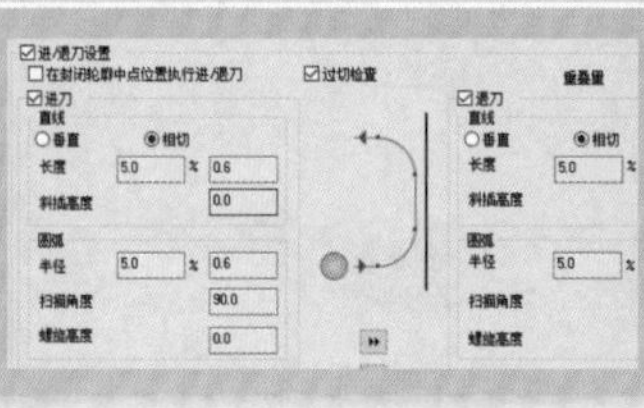 ☑进/退刀设置 ☐在封闭轮廓中点位置执行进/退刀 ☑过切检查 重叠量 ☑进刀 直线 ○垂直 ◉相切 长度 5.0 % 0.6 斜插高度 0.0 圆弧 半径 5.0 % 0.6 扫描角度 90.0 螺旋高度 0.0 ☑退刀 直线 ○垂直 ◉相切 长度 5.0 % 斜插高度 圆弧 半径 5.0 % 扫描角度 螺旋高度	设置刀路进 / 退刀设置

想一想

是否可以通过调整轮廓串联方式，快速设置共同参数？

（续表）

步骤	功能	示意图	操作要求
12	外形		设置刀具安全高度、下刀位置、工件表面高度和加工深度
13	仿真		通过精加工壁边仿真检查刀路的完整性和准确性

注意事项

（1）根据工艺合理设置切削参数。

（2）合理设置进退刀方式，减少空刀。

（3）轮廓精加工须采用顺时针加工。

（4）仔细观察仿真结果，避免过切和欠切。

提示

精加工刀路中应避免重复加工同一轮廓，防止对轮廓表面和尺寸精度造成影响。

依据世赛评分要求，本任务的评分标准如表 3-2-4 所示。

表 3-2-4　任务评价表

序号	评价项目	评分标准	分值	得分
1	优化动态粗切	正确设置优化动态粗切刀路刀具参数	12	
2		正确设置优化动态粗切刀路切削参数	5	
3		正确设置优化动态粗切刀路进刀方式	5	
4		正确设置优化动态粗切刀路加工深度	5	
5		正确设置优化动态粗切刀路共同参数	5	

（续表）

序号	评价项目	评分标准	分值	得分
6	区域	正确设置区域刀路刀具参数	12	
7		正确设置区域刀路切削参数	12	
8		正确设置区域刀路进刀方式	5	
9		正确设置区域刀路共同参数	5	
10	外形	正确设置外形刀路刀具参数	12	
11		正确设置外形刀路切削参数	12	
12		正确设置外形刀路进刀方式	5	
13		正确设置外形刀路共同参数	5	

想一想

精加工零件壁边时可以采用平移、旋转和镜像哪种方式的刀路转换？

在相同的零件文件中可以选择将刀路转换到不同的位置或方向，这种方式称为刀路转换。刀路转换类型：平移、旋转和镜像。

2D 刀路转换来源有 NCI 和图形两种，这里要注意当选择镜像时，如果刀路往相反方向转换，建议选择来源图形。因为如果选择来源 NCI 镜像刀路很有可能会生成逆铣加工，比如向左或向上选择来源 NCI 镜像刀路时，就会生成逆铣加工。

如图 3-2-4 所示，通过刀路转换平移对多个相同零件进行加工，这样就可以省去一些重复操作，提高编程和加工效率。

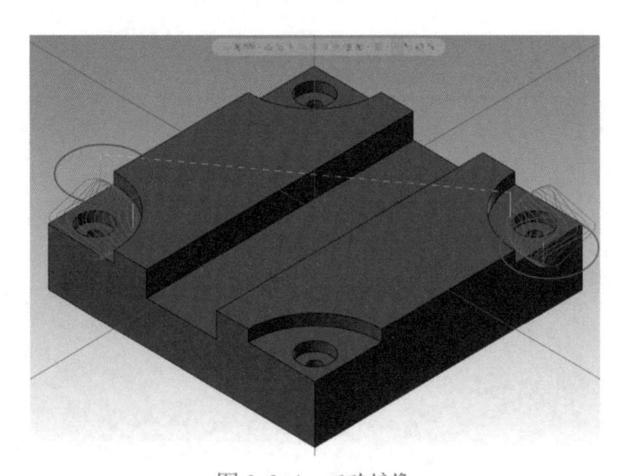

图 3-2-4　刀路镜像

思考与练习

1. 螺纹和孔的加工方式与刀路有何不同?
2. 区域刀路中刀具转角的作用是什么?
3. 技能训练：完成轮廓的模型倒角刀路编制，如图 3-2-5 所示。

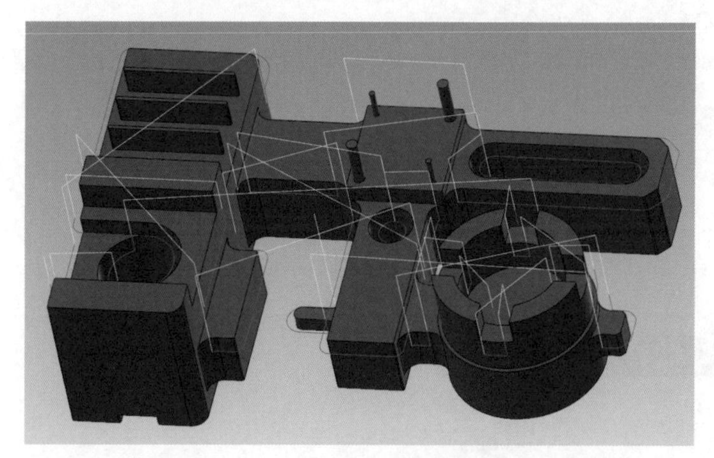

图 3-2-5　比测台零件倒角刀路参考

提示

编制模型倒角刀路时须注意轮廓尽头干涉过切。

任务3 后处理与程序优化

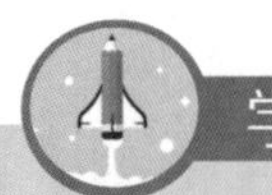

1. 能根据加工要求正确快速修改后处理。
2. 能根据加工要求正确快速生成程序。
3. 养成严谨细致、一丝不苟、精益求精的工匠精神以及对新知识、新技能迁移学习的能力。

在前一个任务中完成了绘制建模与生成刀路的学习，接着需要学会如何快速、正确修改后处理，并生成比测台加工程序。

一、什么是后处理?

把刀位数据文件转换成指定数控机床能执行的数控程序的过程就称为后置处理，简称为后处理。

经过自动编程刀具轨迹计算产生的是刀位数据（Cutter location date）文件，而不是数控程序。因此，这时需要设法把刀位数据文件转变成指定数控机床能执行的数控程序，然后采用通信的方式或直接数控（DNC）的方式输入数控机床的数控系统，才能进行零件的数控加工。

后处理程序是在设计完成的待加工零件模型基础上，对已安排好的加工方式、刀具选择、下刀方式、刀路安排及切削参数等工艺参数进行运算，并编译生成机床能识别的G代码。这一步的代码处理准确与否，直接关系到零件的加工质量及数控机床的安全。

查一查

有哪些系统支持G代码?

在安装数控编程软件（CAD / CAM）时系统会自动设置好一些后置处理程序，当编程者采用的数控系统与之相对应，就可以直接选择相对应的后置处理程序，而实际加工时选择的后置处理程序也应与编程者的数控系统相一致。

二、为什么要进行程序后处理？

因为自动编程是刀具轨迹计算产生的刀位数据文件，不是数控程序，所以在利用编程软件进行数控编程时，必须对后处理器进行必要的设定和修改，以符合编程格式和数控系统的要求。

若编程人员在数控编程时不了解数控系统的基本要求，没有对后处理程序进行设置，结果生成的数控代码中就会有很多错误或多余的指令格式。这就要求在程序传入数控机床前，必须对数控（NC）程序进行手动增加或删减，如果没有修改正确，极易造成事故。

想一想

通过修改后处理，是否可以达到定制编程与加工习惯的效果？

三、如何找到后处理？

默认后处理的文件名为 MPFAN，为数控铣床三轴默认后处理，在电脑中的位置如图 3-3-1 所示。

Posts

文件　主页　共享　查看

此电脑 › Windows (C:) › 用户 › 公用 › 公用文档 › Shared Mastercam 2020 › mill › Posts

名称	修改日期	类型	大小
MILL.SET	2019/5/7 1:46	SET 文件	54 KB
Mill2.SET	2019/5/7 1:46	SET 文件	35 KB
MPFAN	2019/5/7 1:46	Outlook 数据文件	109 KB

图 3-3-1　后处理文件位置

四、生成程序的顺序是什么？

根据加工工艺以及避免在加工中反复安装同一把刀具，如图 3-3-2 所示，按照刀路群组顺序生成程序。

如图 3-3-3 所示，选择需要生成的刀路，点击软件选项栏中的“G1”，生成程序。

想一想

如何修改生成程序的位置与名称？

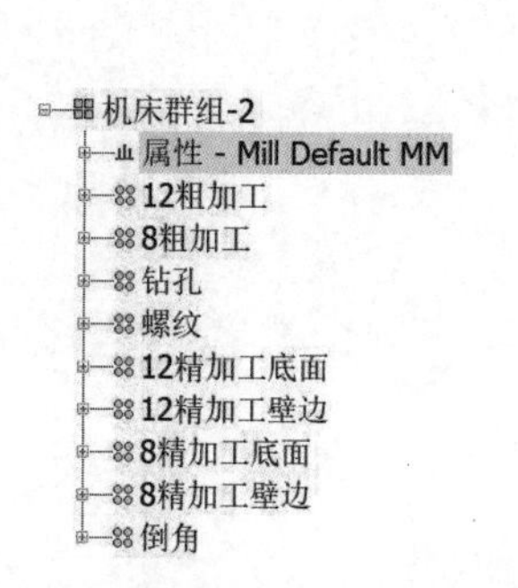

图 3-3-2　比测台零件程序群组参考

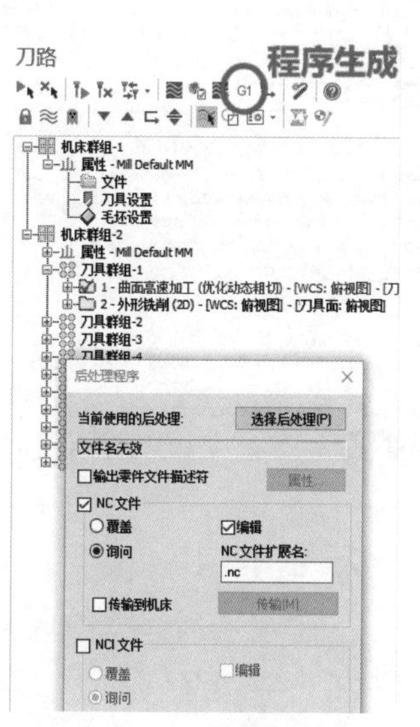

图 3-3-3　生成程序功能

修改后处理，如表 3-3-1 所示。

表 3-3-1　修改后处理

<table>
<tr><th>步骤</th><th>功能</th><th>示意图</th><th>说明</th></tr>
<tr><td>1</td><td>程序首说明部分</td><td>pheader$ #Call before start of file
if subs_before, " ", e$ #header character is output from peof when subs are output before main
else, "%", e$
sav_spc = spaces$
spaces$ = 0
*progno$, sopen_prn
#sopen_prn, "PROGR
sopen_prn, "DATE=D ... , e$ #Date and time output Ex. 12-02-05 15:52
#sopen_prn, "DATE - ... ut as month,day,year - Ex. 02-12-05
#sopen_prn, "DATE - ... put as month,day,year - Ex. Feb. 12 2005
#sopen_prn, "TIME -
#sopen_prn, "TIME -
spathnc$ = ucase(spathnc$)
smcname$ = ucase(smcname$)
stck_matl$ = ucase(stck_matl$)
snamenc$ = ucase(snamenc$)
sopen_prn, "MCAM FILE - ", *smcpath$, *smcname$, *smcext$, sclose_prn, e$
sopen_prn, "NC FILE - ", *spathnc$, *snamenc$, *sextnc$, sclose_prn, e$
sopen_prn, "MATERIAL - ", *stck_matl$, sclose_prn, e$
spaces$ = sav_spc
#endregion</td><td>搜索第一个“%”，在“%”后（示意图中红线框选部分）为默认后处理程序首说明内容</td></tr>
<tr><td>2</td><td>程序起始部分</td><td>#skip single tool outputs, stagetool must be on
stagetool = m_one
!next_tool$
]
pbld, n$, *smetric, e$
if convert_rpd$, pconvert_rpd
pbld, n$, [if gcode$, *sgfeed], *sgcode, *sgplane, scc0, sg49, sg80, *sgabsinc, [if gcode$, *feed], e$
inhibit_probe$
sav_absinc = absinc$
if mi1$ <= one, #Work coordinate system
[
absinc$ = one
pfbld, n$, sgabsinc, *sg28ref, "Z0.", e$
pfbld, n$, *sg28ref, "X0.", "Y0.", e$
pfbld, n$, sg92, *xh$, *yh$, *zh$, e$
absinc$ = sav_absinc
]</td><td>在内容说明后（示意图中绿线框选部分）为生成程序的起始部分</td></tr>
<tr><td>3</td><td>程序起始部分</td><td>pcan
pbld, n$, *t$, sm06, e$
pindex
if mi1$ > one, absinc$ = zero
if use_rot_lock & (cuttype <> zero | (index = zero & prv_cabs <> fmtrnd(cabs))), prot_unlock
if convert_rpd$, pconvert_rpd
pcan1, pbld, n$, [if gcode$, *sgfeed], *sgcode, *sgabsinc, pwcs, pfxout, pfyout, pfcout,
[if nextdc$ <> 7, *speed, *spindle], pgear, [if gcode$, *feed], strcantext, e$
if use_rot_lock & cuttype = zero, prot_lock
result = force(feed) # Force output of feed next time it's called for output
pbld, n$, sg43, *tlngno$, pfzout, pscool, pstagetool, e$
absinc$ = sav_absinc
pbld, n$, sgabsinc, e$</td><td>接上述修改内容搜索“m06”，在“m06”（示意图中蓝线框选部分）的“pfcout”为 A 轴</td></tr>
<tr><td>4</td><td>程序结尾部分</td><td>if (index = one & (prv_indx_out <> fmtrnd(indx_out)) | (prv_cabs <> fmtrnd(cabs)))
| nextop$ = 1003 | frc_cinit, prot_unlock
]
pbld, n$, sccomp, *sm05, psub_end_mny, e$
if convert_rpd$, pconvert_rpd
pbld, n$, [if gcode$, sgfeed], sgabsinc, sgcode, *sg28ref, "Z0.", [if gcode$, feed], scoolant, e$
if nextop$ = 1003 | tlchg_home, pbld, n$, *sg28ref, "X0.", "Y0.", protretinc, e$
else, pbld, n$, protretinc, e$
absinc$ = sav_absinc
coolant$ = sav_coolant
uninhibit_probe$</td><td>接上述修改内容搜索“m05”（示意图中红线框选部分）为生成程序的结尾部分</td></tr>
<tr><td>5</td><td>程序结尾部分</td><td>psynclath$ #Read NCI Axis-Combination (950) line
pset_mach #Set rotary switches by reading machine def parameters
#Rotaxtyp = 1 sets initial matrix to top
#Rotaxtyp = -2 sets initial matrix to front
if vmc, rotaxtyp$ = one
else, rotaxtyp$ = -2

pwrtt$ #Pre-read NCI file
if tool_info > 1 & t$ > 0 & gcode$ <> 1003, ptooltable

pwrttparam$ #Pre-read parameter data
#"pwrttparam", ~prmcode$, ~sparameter$, e$</td><td>接上述修改内容搜索后处理中最后一个“1003”，如示意图所示，由于修改程序结尾部分后处理与最后一个“1003”后处理有关联，需要禁用该行后处理，否则将导致生成程序报错</td></tr>
</table>

注意事项

（1）修改原有起始部分时，修改为更加简洁合理的程序内容；（2）由于比赛规定只允许使用 XYZ 轴完成比赛，所以需要将此次 A 轴禁用；(3) 修改原有结尾部分时，修改为更加简洁合理的程序内容；(4) 不可修改错位指令程序或缺失指令，否则将会导致程序无法正确生成。

提示

根据机床特性，设置程序结尾部分使机床坐标系处在合理位置。

总结评价

依据世赛评分要求，本任务的评分标准如表 3-3-2 所示。

表 3-3-2　任务评价表

序号	评价项目	评分标准	分值	得分
1	程序格式	能正确完善简化后处理程序格式	20	
2	程序起始部分	能正确修改后处理程序起始部分内容	20	
3	程序结尾部分	能正确修改后处理程序结尾部分内容	20	
4	生成程序	能正确生成可加工使用的程序	20	
5	程序完整性	能完整地生成程序，缺一语句扣 3 分	20	

拓展学习

数控系统为用户配备了强有力的类似于高级语言的宏程序功能，用户可以使用变量进行算术运算、逻辑运算和函数的混合运算，此外宏程序还提供了循环语句、分支语句和子程序调用语句，有利于编制各种复杂的零件加工程序，减少乃至免除手工编程时进行烦琐的数值计算，以及精简程序量。

宏程序指令适合抛物线、椭圆、双曲线等没有插补指令的曲线编程；适合图形一样，只是尺寸不同的系列零件的编程；适合工艺路径一样，只是位置参

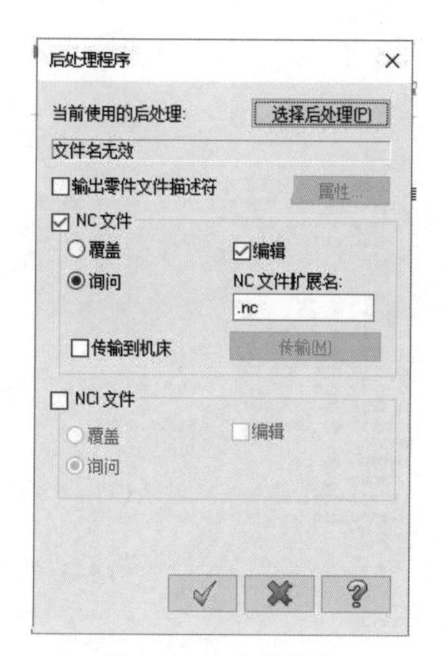

图 3-3-4　文件格式

查一查

数控铣中有哪些常用的宏程序格式？

数不同的系列零件的编程。其能较大地简化编程，扩展应用范围。

通常软件生成的程序文件为 .NC 格式，如图 3–3–4 所示。由于世赛使用该机型读取的程序文件为 .mpf 格式，需要在软件控制定义的文件中将格式修改为 .mpf 格式。

1. 使用刀库与不使用刀库时的后处理有什么区别？

2. 后处理修改由哪几个部分组成？

3. 技能训练：根据下列图片要求修改后处理并生成程序。图 3–3–5 所示中红色框选部分为需要修改部分，修改后生成如图 3–3–6 所示的程序。

想一想

刀具指令应该添加在后处理中哪个位置？

```
1 %
2 O0000(T)
3 (DATE=DD-MM-YY - 21-04-22 TIME=HH:MM - 12:54)
4 (MCAM FILE - T)
5 (NC FILE - C:\USERS\DOCUMENTS\MY MASTERCAM 2020\MASTERCAM\MILL\NC\T.mpf(MATERIAL - ALUMINUM MM - 2024)
6 ( T1 | 10 平底刀 | H1 N100 G21
7 N110 G0 G17 G40 G49 G80 G90
8 N120 T1 M6
9 N130 G0 G90 G54 X31. Y.5 A0. S5000 M3
10 N140 G43 H1 Z6.
11 N150 Z1.
12 N160 G1 Z-10. F600.
13 N170 X30.5 F800.
14 N180 G3 X30. Y0. I0. J-.5
15 N190 G2 X0. Y-30. I-30. J0.
16 N200 X-30. Y0. I0. J30.
17 N210 X0. Y30. I30. J0.
18 N220 X30. Y0. I0. J-30.
19 N230 X29.983 Y-1. I-30. J0.
20 N240 G1 Y-1.016
21 N250 G3 X30.466 Y-1.516 I.5 J0.
22 N260 G1 X30.966 Y-1.533
23 N270 G0 Z6.
24 N280 M5
25 N290 G91 G28 Z0.
26 N300 G28 X0. Y0. A0.
27 N310 M30
28 %
```

图 3–3–5　后处理修改前的程序

```
1 %
2 N110 G54 G90 G0 Z100. M8
3 N120 G0 G90 G54 X31. Y.5  S5000 M3
4 N130 G43 H1 Z6.
5 N140 Z1.
6 N150 G1 Z-10. F600.
7 N160 X30.5 F800.
8 N170 G3 X30. Y0. I0. J-.5
9 N180 G2 X0. Y-30. I-30. J0.
10 N190 X-30. Y0. I0. J30.
11 N200 X0. Y30. I30. J0.
12 N210 X30. Y0. I0. J-30.
13 N220 X29.983 Y-1. I-30. J0.
14 N230 G1 Y-1.016
15 N240 G3 X30.466 Y-1.516 I.5 J0.
16 N250 G1 X30.966 Y-1.533
17 N260 G0 Z6.
18 N280 G0 Z100.
19 N290 G28 Y0.
20 N300 M30
21 %
```

图 3–3–6　后处理修改后生成的程序

模块四

加工零件

加工零件主要是根据零件图的要求，操作人员运用数控铣床完成毛坯的安装与调试，通过输入程序指令正确操作机床，最终形成合格的零件，如图 4-0-1 所示。

本模块内容融入了世界技能大赛数控铣项目零件加工过程中的具体操作要求，主要包含安全文明生产、安装液压平口钳与制作软钳口、加工比测台零件三个工作任务。通过本模块学习，能够运用数控铣床完成复杂零件的铣削加工。

图 4-0-1　加工零件

任务1　安全文明生产

1. 能按规范要求正确穿戴个人劳防用品。
2. 能按要求做好加工过程中的设备安全检查。
3. 能识别数控机床工作场所中的各种安全标志。
4. 养成严谨细致、一丝不苟、精益求精的工匠精神以及良好的安全责任意识。

在前两个模块中，学习了比测台零件的加工工艺和编程方法，接下来就要在数控铣床上加工比测台零件了。但在加工零件时，必须做好安全防护，坚持安全文明生产。安全文明生产不仅能保障操作人员和设备的安全，防止发生工伤和设备事故，同时也是车间管理的一项十分重要的要求。

安全文明生产直接影响人身安全、产品质量和生产效率，影响设备和工、夹、量具的使用寿命以及操作人员技术水平的正常发挥。其主要包括：个人安全防护、设备安全防护和工作环境安全防护。

说一说

安全文明生产主要包括哪些？

一、为什么操作机床之前要进行个人安全防护？防护内容有哪些？

为了防止操作不当造成操作人员压伤、砸伤等，操作人员在进入数控铣床操作区域前，必须正确穿戴个人安全防护用品。其主要包括：穿戴好安全防护服、安全防护鞋和防异物伤害护目镜。除此之外，女性必须戴工作帽，长发不得外露。

想一想

加工过程中近视镜能否代替防护镜使用？

二、必须穿戴的安全防护用品有哪些？

安全防护用品品种繁多，涉及面广，正确穿戴是保护操作人员安全与健康的前提，应当选择与操作环境匹配的防护用品，所配置的防护用品必须符合国家规定的防护要求。

说一说

进入数控加工工作场所时，为什么要选择穿防滑、防砸、防穿刺的安全防护鞋？

1. 安全防护服

安全防护服不仅需要考虑操作人员的作业习惯，而且对工作服质量、面料也有一定的要求。安全防护服应具有舒适、透气、吸汗、悬垂挺括、视觉高贵、触觉柔软等特点。常见的面料有涤棉、呢绒、化纤等。

2. 安全防护鞋

安全防护鞋须根据数控铣操作环境选择防滑、防砸、防穿刺的安全鞋，如图 4–1–1 所示。防滑设计，不仅保护操作人员的脚免遭伤害，也能防止操作人员因滑倒而引起事故。

图 4–1–1　防护鞋

3. 防异物伤害护目镜

防异物伤害护目镜可选择正侧面型防护镜（见图 4–1–2）或全封闭型防护镜（见图 4–1–3），防止异物颗粒伤害眼睛。

图 4–1–2　正侧面型防护镜

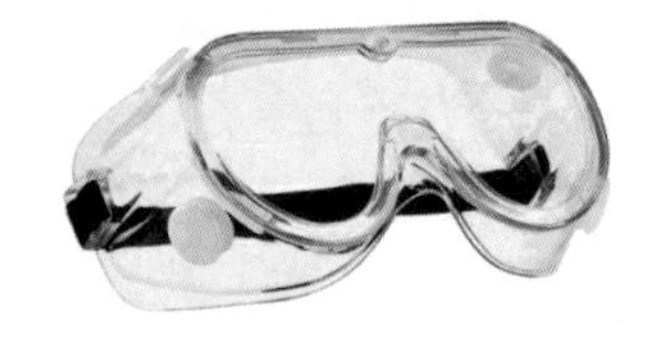

图 4–1–3　全封闭型防护镜

三、设备安全防护包括哪些方面？

数控铣床作为数控铣削加工过程中的主要操作设备，其安全防护直接影响操作人员的安全及生产效率。数控铣床的哪些部分需要检查安全性？

1. 机床电气装置的安全

（1）供电的导线正确安装，不能有任何破损或裸线外露的地方。

（2）电机绝缘要好，接线板要有盖板防护，避免直接接触。

（3）开关、按钮等应该完好无损，不能裸露带电部分。

（4）要有良好的接地或接零装置，导线要牢固连接。

（5）局部照明灯应使用 36 V 的电压，严禁使用 110 V 或 220 V 电压。

2. 机床操纵手柄和脚踏开关的安全

（1）重要的手柄要有可靠的定位和锁紧装置，同轴手柄的长短要有明显差别。

（2）手轮在机动时能与转轴脱开，避免随轴转动打伤人员。

（3）脚踏开关一定要有防护罩或能藏入床身的凹入部分内，避免掉下的零部件落到开关上，启动机械设备而伤人。

四、什么是工作环境安全防护？

1. 工作环境的安全防护

（1）工作环境的照度、温度以及湿度要适宜；噪声和振动要小；零件以及工、夹具等要堆放整齐，这样才能让操作者心情舒畅，便于专心工作。

（2）数控设备要根据性能以及操作顺序制定安全操作规程、检查、维护等制度，方便操作者遵守。

（3）安全设施设备不得随意拆除、挪用；应在设备设施工作、吊装、维修等作业现场设置警戒区域和警示标志。

（4）工作环境应划出非岗位操作人员行走的安全路线，未经允许，禁止非操作人员进入操作现场。

（5）危险化学品应分类、分区、分库储存。

（6）消防器材和消火栓设置在位置明显且易于操作的区域，并应有明显标志。

说一说

工作环境划分区域的重要性。

2. 工作场所的安全标志

国家规定了四类传递安全信息的安全标志：禁止标志表示不准或制止人们的某种行为；警告标志使人们注意可能发生的危险；指令标志表示必须遵守，用来强制或限制人们的行为；提示标志示意目标地点或方向。在民爆行业正确使用安全标志，可以使人员能够及时得到提醒，防止生产事故、人员伤亡和其他危害事件的发生。

数控加工工作场所常用标志有禁止吸烟、严禁载人、禁止放易燃物、当心触电、当心机械伤人、当心绊倒、当心吊物、小心滑倒等，须严格遵守。

想一想

各种安全标志分别应放置在数控加工工作场所的什么区域？

一、穿戴安全防护用品的顺序

1. 穿防护服

（1）穿上衣：衣服穿着整齐，扣好胸扣，扣好袖扣。

（2）穿裤子：扣好裤门扣，裤脚调整至踝关节下 2 cm。

2. 穿防护鞋

（1）选择合适的防护鞋。

（2）系紧鞋带。

3. 戴防护帽

（1）将防护帽圆周大小调节到头部稍有约束感。

（2）长发佩戴防护帽时，必须盘起长发。

（3）戴防护帽，将头发全部置于防护帽内。

4. 戴防异物伤害护目镜

正确配戴护目镜，确保异物颗粒不能进入眼睛区域。

提示

佩戴防溅入式防护镜，如佩戴近视镜，必须选择可以完全包裹住近视镜的防护镜。

二、检查工作环境

1. 检查设备线路，确保设备良好，无电源、电线、插头裸露。

2. 检查有毒有害物品是否按规定存放。

3. 检查安全防护、报警、急救器材是否完备；灭火器具应放在规定位置，保证其处于可正常使用状态。

4. 检查安全出口、紧急出口是否畅通。

5. 检查操作设备周围有无障碍物，以排除故障和隐患。

6. 检查工作环境中是否配备储存废液的容器，废液应分类倒入指定容器储存。

三、检查加工设备

1. 检查机床各润滑油的油位是否正常。

2. 检查各开关、旋钮和手柄是否在正确位置。

3. 启动控制电气部分，按规定进行预热。

4. 开动数控机床使其空运转，并检查各开关、按钮、旋钮和手柄的灵敏性及润滑系统是否正常等。

5. 检查电气元件是否牢固，是否有接线脱落。

想一想

作为机床操作人员，当发现加工设备电器元件出现故障时应如何处理？

注意事项

当发现工作环境与加工设备有不明情况时，严禁擅自操作。

依据世赛要求，本任务评分标准如表 4-1-1 所示。

表 4-1-1　任务评价表

序号	评价项目	评分标准	分值	得分
1	个人安全防护	规范穿戴安全防护用品，包括防护服、防护鞋、防护帽、防异物伤害护目镜。全部正确得 40 分，漏任意一项不得分	40	
2	环境安全防护	叙述检查工作环境的要点。全部正确得 30 分，漏述一项扣 5 分，扣完为止	30	
3	设备安全防护	叙述数控铣床的电气装置、操纵手柄和脚踏开关的安全要求。全部正确得 30 分，漏述一项扣 5 分，扣完为止	30	

一、易燃易爆物品

为了确保操作环境的安全、绿色环保，严禁携带易燃易爆等有害物品进入操作车间，具体如表 4-1-2 所示。

表 4-1-2　有害物品清单

有害物品	说明
防锈清洗剂	严禁携带
酒精、汽油	严禁携带
有毒有害物	严禁携带

说一说

结合所学知识，简述表 4-1-2 中的有害物品如何存放？

二、“6S”管理制度

为了维护正常规范的操作车间工作秩序，确保操作车间中各项工作的正常开展，车间“6S”管理制度由此诞生。其目的是让每位操作人员养成良好的工作习惯，减少浪费，提高操作人员的职业素养。“6S”即整理（Seiri）、整顿（Seiton）、清扫（Seiso）、清洁（Seiketsu）、素养（Shitsuke）、安全（Security）。“6S”管理制度具有操作简单、见效快、效果看得见、能持续改善等特点，因此“6S”也被各大企业所采用。

说一说

“6S”包括哪些内容？“6S”在企业管理中的作用是什么？

1. 整理

将要与不要的东西区分清楚，并将不要的东西加以处理，它是改善生产现场环境的第一步。

2. 整顿

对人、事、物进行定量、定位管理。简言之，整顿就是使人的位置和物的放置方法标准化。整顿的关键是做到定位、定品、定量。

3. 清扫

将工作环境四周打扫干净，设备异常时马上维修，使之恢复正常。

4. 清洁

清洁是指对整理、整顿、清扫之后的工作成果要认真维护，使现场保持完美和最佳状态。

5. 素养

提高人员的素养，养成严格遵守规章制度的习惯和作风。素养是“6S”管理的核心，没有人员素质的提高，各项活动就不能顺利开展。

提示

操作机床时务必遵守车间安全文明操作规程。

6. 安全

维护人身与财产不受侵害，以创造一个零故障、无意外事故发生的工作场所。实施的要点是不要因小失大，应建立、健全各项安全管理制度。

思考与练习

1. 举例说明数控设备的危险部位，简述其造成的安全隐患包括哪些。

2. 请尝试完成个人安全防护用品的正确穿戴。

3. 案例分析：假设在竞赛过程中，因某位参赛学生的操作不当引起了火灾。

（1）请简述他应该如何处理。

（2）技能训练：请尝试使用灭火器完成模拟操作。

任务 2　安装液压平口钳与制作软钳口

学习目标

1. 能正确快速地安装液压平口钳。
2. 能正确快速地校正液压平口钳。
3. 能根据零件特征设计、制作软钳口。
4. 养成严谨细致、一丝不苟、精益求精的工匠精神以及产品质量意识。

情景任务

通过上一个任务的学习，已经掌握了与数控加工相关的安全文明生产知识。接下来，将学习加工比测台零件前的液压平口钳的安装、校正与软钳口的制作。学习制作软钳口的目的是为了提高液压平口钳装夹零件的精度和效率。

想一想

液压平口钳的校正精度如何确定？

思路与方法

比测台零件结构复杂，加工过程中需要进行多次安装才能完成加工，其安装和找正过程占用了一定比例的竞赛时间，且比测台零件中存在薄壁结构，为了提高装夹效率和避免因螺杆式平口钳夹紧力难以控制导致薄壁结构变形，必须采用液压平口钳来装夹比测台工件，如图 4-2-1 所示。

说一说

为何要采用液压平口钳装夹比测台零件？

图 4-2-1　液压平口钳

一、什么是液压平口钳？

液压平口钳是对螺杆传动平口钳的改进，将传统的螺纹传动改成液压传动，活动钳身通过液压缸来控制，从而实现活动钳身的快速移动，实现零件快速夹紧与快速松开。而夹紧力则由液压系统中的溢流阀来保证，可以通过调整溢流阀的压力来控制所需夹紧力的大小。

液压平口钳分为两类：一类是可以由外部系统控制钳口动作，可用于自动化加工系统中；另一类只能手动控制，主要作用是增力和快速动作。竞赛中，一般采用手动控制的液压平口钳。

想一想

通过学习了解了液压平口钳的特点，它相比螺杆式的平口钳有哪些优点？

二、如何正确安装液压平口钳？

1. 安装液压平口钳的注意事项

液压平口钳沿 Y 轴方向安装，其在机床工作台上的安装位置主要考虑满足工件的加工范围和机床行程。在满足加工行程的前提下，避免始终放在同一 X 轴位置，这样可以减少丝杠、导轨在某一局部的过度磨损，有利于维持机床精度。

安装前应该将钳座底面和机床工作台面擦干净，将液压平口钳底座上的定位键放入工作台中央 T 形槽内，固定钳座。

2. 液压平口钳的扩展应用

如果液压平口钳的本体也具有很高的制造精度，其本体侧面对底面的垂直度误差非常小，那么本体侧面也可以作为平口钳的定位面使用。

说一说

如何确认机床的行程范围？

三、为什么要使用软钳口？如何正确使用软钳口？

1. 软钳口的作用

当液压平口钳原配的钳口使用较长时间后出现磨损，会出现钳口表面平整度超差、固定钳身与活动钳身之间的间隙增大等影响零件装夹精度的情况，需要使用与零件装夹部位形状相同的钳口装夹，这时可考虑使用软钳口。

软钳口一般采用较软的低碳钢或铝来制作。在软钳上可以加工出精准的零件外形和基准，无须和硬钳口一样用到垫块，也不用担心清理工件的时候，垫块掉落在工作台上，会省下很多操作时间。

2. 不同软钳口的加工要点

加工软钳口前必须在待加工的固定钳口和活动钳口之间夹一个垫块。这样既可以防止切削中活动钳口窜动，同时也可消除固定钳身和活动钳身之间的间隙对夹紧精度的影响。

对于高出钳身不多的钳口，可以把垫块放在钳口的下部，如图 4–2–2 所示。

议一议

加工比测台零件时，是否会运用到软钳口？为什么？

图 4-2-2　加工软钳口

如果钳口高出钳身较多，零件的夹持部位在钳身以上，还要考虑夹紧时钳口的变形，这时需要采取预加载措施，即把垫块放在接近夹紧的位置，如图 4-2-3、图 4-2-4 所示。

说一说

在什么情况下，加工软钳口需要如图 4-2-3 所示的操作？

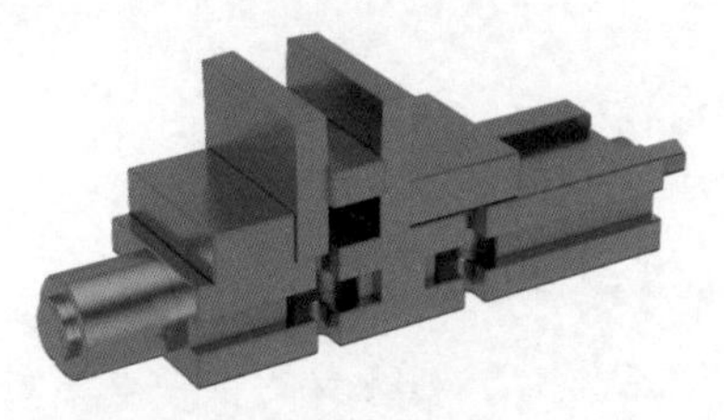

图 4-2-3　垫块位置靠上放置

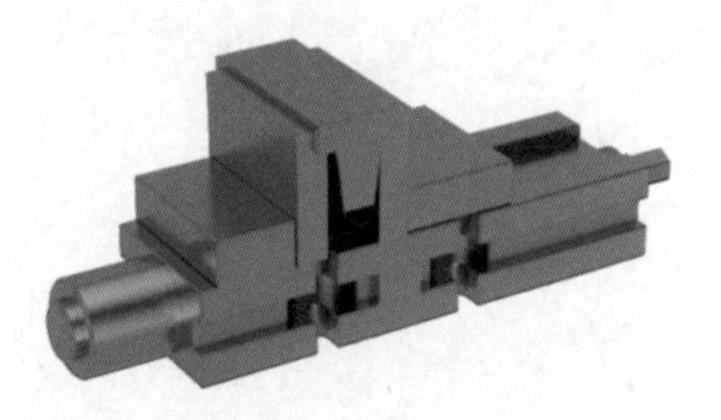

图 4-2-4　最终效果

使用平底立铣刀，选大直径的刀具；刀具应足够锋利，刀尖不能有圆角或倒角；必须分别进行粗加工和精加工；钳口深度尽可能浅，能满足夹紧要求即可；如果深度较大，可以分层加工；加工钳口夹紧面时，同时加工底面，这样可以在装夹零件时不再使用等高垫块。

一、安装与校正液压平口钳

1. 安装液压平口钳

（1）将钳座底面和机床工作台面擦拭干净。

（2）将液压平口钳放置在工作台面上，如图 4-2-5 所示，确保零件加工范围在机床行程内。

（3）将液压平口钳底座上的定位键放入工作台中央 T 形槽内。

图 4-2-5　液压平口钳放置在工作台上

注意事项

液压平口钳在工作台上的安装主要考虑满足工件的加工范围和数控铣床的行程。沿机床 Y 轴方向安装，在 X 轴方向满足加工行程的前提下，避免始终放在同一位置，这样可以减少丝杠、导轨在某一局部的过度磨损，有利于维持机床精度。

议一议

能否运用杠杆百分表校正液压平口钳？

2. 校正液压平口钳

液压平口钳安装后，通常要用百分表对固定钳口进行找正，使固定钳口与 X 轴平行。找正步骤如下：

（1）将磁性表座吸在主轴箱底或主轴端面，安装百分表。

（2）调整百分表测杆，使其与固定钳口平面垂直。

（3）百分表的测头与钳口平面接触，测杆压缩 0.3 ~ 1.0 mm。

（4）通过操作机床手轮，纵向移动工作台，观察表的读数，通过校正使钳口全长范围内读数一致。

（5）轻轻紧固钳身，再次进行检查，合格之后，再完全紧固钳身。

二、加工装夹比测台零件的软钳口

注意事项

比测台零件是一个典型的异形零件。当其进行第二面精加工时，普通液压平口钳钳口无法确保异形零件夹紧力稳固，操作人员为防止加工过程中因夹紧力不够导致零件移动，通常会使用更大的夹紧力夹紧零件，最终导致零件损坏变形。而软钳口可有效解决异形零件装夹力不足的问题，避免零件变形。

说一说

比测台零件的软钳口为何选择铝合金材质？

1. 准备软钳口毛坯

根据液压平口钳固定钳口规格大小和零件材质准备一对软钳口毛坯。常用液压平口钳最大夹持长度在 150 ~ 200 mm 之间，比测台零件为铝合金材质。因此，软钳口可选择大小为 125 mm × 55 mm × 35 mm 的铝合金。

2. 加工软钳口安装面

用Ø16铣刀加工软钳口与钳身接触的平面，如图4-2-6左图所示。

3. 加工软钳口固定螺丝孔

用Ø12铣刀与Ø11麻花钻加工Ø11通孔和Ø16沉头孔，如图4-2-6右图所示，完成软钳口螺丝孔的加工后将软钳口安装在平口钳上，中间夹上比夹持零件范围小10～20 mm的垫铁。夹持垫铁的高度不能高于即将加工的软钳口轮廓的最深处，避免干涉。

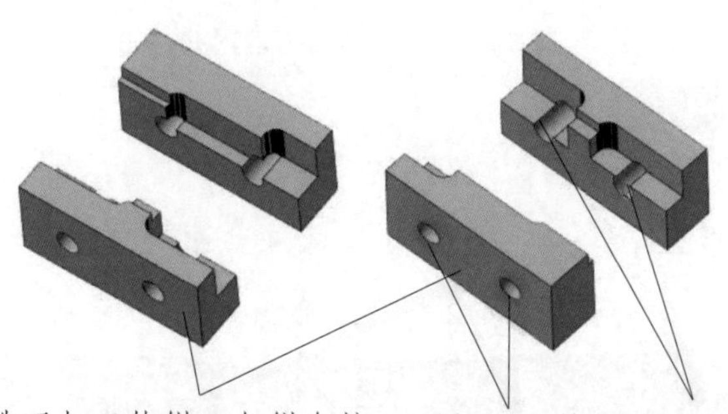

图4-2-6 软钳口加工示意图

4. 加工软钳口装夹定位面

用Ø12铣刀根据零件所需夹紧部分的形状进行钳口加工，图4-2-7所示为加工完成的用于装夹比测台零件的软钳口，图4-2-8所示为软钳口装夹比测台零件的效果图。

议一议

能否采用Ø16铣刀加工图4-2-7所示部分的形状？

注意事项

当进行批量件加工时，可以在软钳口上加工定位基准，便于批量件的多次装夹，有效提高加工效率。

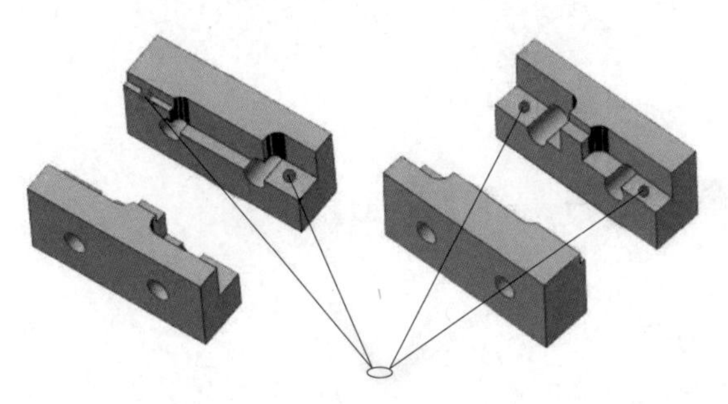

图4-2-7 比测台零件的软钳口

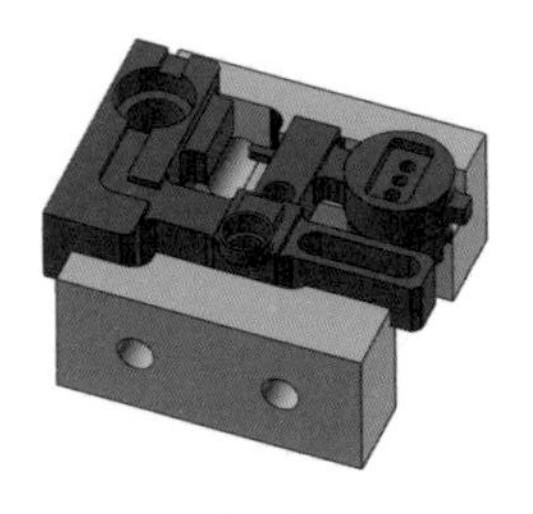
(a)

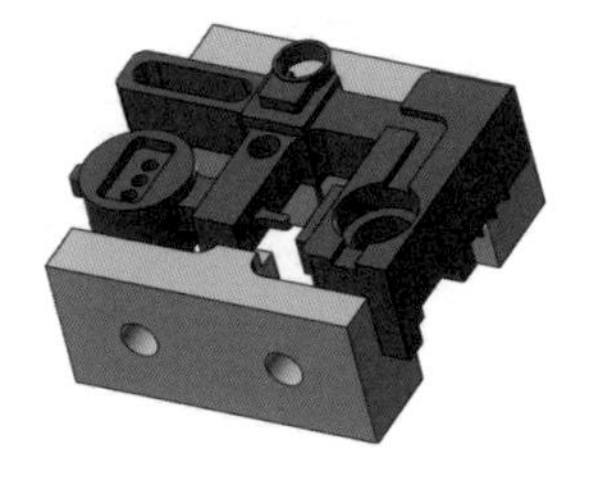
(b)

图 4-2-8 软钳口装夹比测台零件效果

总结评价

想一想

针对自己的失分项，如何总结问题？

依据世赛要求，本任务评分标准如表 4-2-1 所示。

表 4-2-1 任务评价表

序号	评价项目	评分标准	分值	得分
1	选用夹具	正确选用比测台零件加工用夹具，选择正确得分，选择错误不得分	20	
2	安装夹具	正确安装液压平口钳至工作台，完成得分	20	
3	校正夹具	正确校正液压平口钳与机床 X 轴的平行精度在 0.01 mm 内，完成得分	20	
4	加工软钳口	根据比测台零件加工工艺正确设计并加工软钳口，完成得分	30	
5	安装工件	用软钳口正确安装比测台零件并完成校对，完成得分	10	

拓展学习

说一说

通用夹具、专用夹具和可调整夹具的运用范围。

一、夹具的分类

按照机床夹具的应用范围，一般可分为通用夹具、专用夹具和可调整夹具。

1. 通用夹具

在普通机床上一般都附有通用夹具，如车床上的卡盘，铣床上的回转工作台、分度头、顶尖座等。它们都已标准化了，具有一定的通用性，可以用来安装一定形状和尺寸范围内的各种工件，而不需要进行特殊的调整。

2. 专用夹具

为了适应某一工件、某一工序加工的要求而专门设计制造的夹具。

3. 可调整夹具

可调整夹具能弥补专用夹具只适用于夹持一种工件某一特定工序的缺点，可调整夹具的使用范围可调，如图 4-2-9 所示。

图 4-2-9 用可调整夹具装夹异形件

二、夹持异形零件的其他方法

除了使用软钳口外，还可以把平钳口和支撑柱组合起来使用，如图 4-2-10 所示。

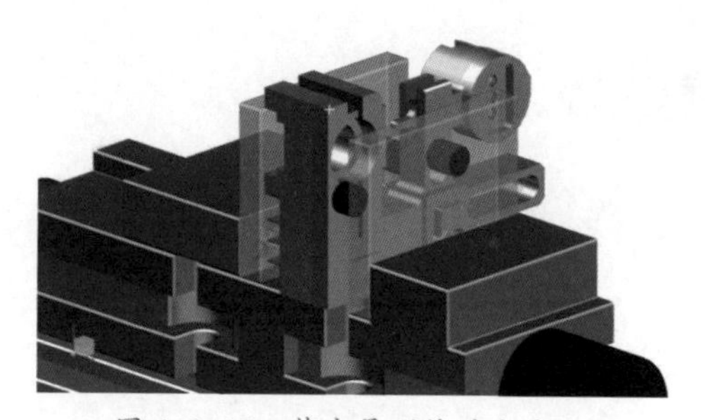

图 4-2-10 装夹异形件的方法之一

1. 请简述如何选择液压平口钳、如何调整夹持力。

2. 请简述在数控铣削加工中何种情况需要使用软钳口。

3. 技能训练：请尝试把平钳口和支撑柱组合使用，探索如何可靠、简便地定位圆柱支撑。

提示

使用合适尺寸的支撑柱并垫靠在不易变形的位置上。

任务3　加工比测台零件

1. 能依据比测台零件图中的精度要求安装和校正零件。
2. 能根据比测台零件材料正确选用刀具。
3. 能根据比测台零件加工的工艺流程，完成零件加工。
4. 养成严谨细致、一丝不苟、精益求精的工匠精神以及产品质量意识。

在上一个任务中已经掌握了零件加工前如何利用液压平口钳将工件装夹到铣床工作台并进行调试的方法。接着需要根据比测台零件加工工艺的操作流程，完成比测台零件的加工。

想一想

加工零件的特殊特征时切削参数是否需要改变？怎么改？

比测台零件包含世界技能大赛数控铣加工元素的多个典型特征，包括薄壁特征、细长轴特征、异形轮廓特征、各类孔系要素等。

比测台零件应如何加工呢？

根据比测台零件的特征要素，加工时适合使用液压平口钳来装夹。因比测台外轮廓是典型的异形轮廓，在完成正反两面粗加工后，外形已是异形轮廓，为了便于装夹完成精加工，必须使用软钳口装夹来完成后续加工。比测台零件加工刀具详见表4-3-1。

表4-3-1　比测台零件加工刀具表

序号	加工范围	刀具名称	刀具号
1	轮廓粗加工	Ø12 二刃立铣刀	1
		Ø8 二刃立铣刀	2

（续表）

序号	加工范围	刀具名称	刀具号
2	轮廓精加工	Ø12 三刃立铣刀	3
		Ø8 三刃立铣刀	4
		Ø6 立铣刀	5
3	销孔加工	Ø11.8 钻头	6
		Ø12 铰刀	7
4	M30 螺纹加工	Ø11.9 × 1.5 螺纹铣刀	8
5	镗孔加工	Ø20~Ø30 范围精密镗刀	9
6	M6 螺纹加工	Ø5 钻头	10
		M6 × 1 螺纹铣刀	11
7	轮廓倒角	Ø6 倒角刀	12

1. 比测台零件粗加工（第一面），如表 4-3-2 所示。

表 4-3-2　比测台零件第一面粗加工工艺步骤

序号	内容	刀具号	切削参数	示意图
1	安装与找正液压平口钳			
2	安装 150 mm × 100 mm × 50 mm 铝合金毛坯，夹深 15 mm，露出 35 mm			
3	零件对刀，坐标系设置于上表面中心			
4	粗加工 M6 螺纹面，切削深度 18 mm，壁边底面各留 0.3 mm 余量（保留两条长 99 mm、宽 12 mm 工艺块用于装夹）	1	S4500 F2000	
5	半精加工 0.1 mm 装夹位置，切削深度 18 mm	1	S6000 F1200	

想一想

表 4-3-2 中，为何装夹铝合金毛坯时的夹持深度为 15 mm？

（续表）

序号	内容	刀具号	切削参数	示意图
6	拆卸毛坯，手工去除装夹位置毛刺			

2. 比测台零件粗加工（第二面），如表 4–3–3 所示。

表 4–3–3　比测台零件第二面粗加工工艺步骤

序号	内容	刀具号	切削参数	示意图
1	安装零件，夹深 7 mm，露出 41 mm			
2	零件对刀，坐标系设置于上表面中心			
3	粗加工切削深度 41 mm，壁边底面各留 0.3 mm 余量	1	S4500 F2000	
4	粗加工切削深度 32 mm，壁边底面各留 0.3 mm 余量	2	S5000 F2000	
5	G81 钻孔，钻孔深度 44 mm	6	S800 F80	
6	G85 铰孔，铰孔深度 41 mm	7	S250 F70	

3. 比测台零件精加工（第二面），如表 4–3–4 所示。

表 4–3–4　比测台零件第二面精加工工艺步骤

序号	内容	刀具号	切削参数	示意图
1	精加工底面 0.3 mm，切削最深处 41 mm（控制深度尺寸）	3	S6000 F800	
2	外形精加工壁边 0.3 mm，0.1 mm 控制余量均匀，0.05 mm 半精加工，单独控制尺寸$98^{+0.05}_{+0.01}$精度，切削最深处 35 mm	3	S6000 F800	
3	外形精加工壁边 0.3 mm，0.1 mm 控制余量均匀，0.05 mm 半精加工，单独控制尺寸$32^{+0.065}_{+0.04}$精度，切削最深处 13 mm	3	S6000 F800	

想一想

根据表 4–3–4 完成比测台零件第二面精加工时，需要使用哪些量具？

（续表）

序号	内容	刀具号	切削参数	示意图
4	外形精加工壁边 0.3 mm，0.1 mm 控制余量均匀，0.05 mm 半精加工，单独控制尺寸 $Ø40_{-0.06}^{-0.04}$ 精度，切削最深处 17 mm	3	S6000 F800	
5	外形精加工壁边 0.3 mm，0.1 mm 控制余量均匀，0.05 mm 半精加工，单独控制尺寸 $Ø25_{0}^{+0.02}$ 精度，切削最深处 35 mm	3	S6000 F800	
6	外形精加工壁边 0.3 mm，0.1 mm 控制余量均匀，0.05 mm 半精加工，并控制所有未注精度，切削最深处 41 mm	3	S6000 F800	
7	底面精加工底面 0.3 mm，切削最深处 23 mm（控制深度尺寸）	4	S6000 F800	
8	外形精加工壁边 0.3 mm，0.1 mm 控制余量均匀，0.05 mm 半精加工，单独控制尺寸 $3\times1_{+0.04}^{+0.06}$ 精度，切削最深处 10 mm	4	S6000 F800	
9	外形精加工壁边 0.3 mm，0.1 mm 控制余量均匀，0.05 mm 半精加工，单独控制尺寸 $12_{0}^{+0.02}$ 精度，切削最深处 26 mm	4	S6000 F800	
10	外形精加工壁边 0.3 mm，0.1 mm 控制余量均匀，0.05 mm 半精加工，单独控制尺寸 $2\times Ø3_{0}^{+0.02}$ 精度，切削最深处 17 mm	4	S6000 F800	
11	锐边倒钝 C0.25 mm，未注倒角 C1 mm，切削最深处 27 mm	12	S6000 F1200	
12	螺纹铣削 M30 × 1.5 − 6H 内螺纹，切削最深处 19 mm（注意控制螺纹有效深度）	8	S4000 F800	
13	镗孔 Ø23H7，切削最深处 31.5 mm	9	S4000 F80	
14	拆卸零件，手工去除毛刺			

想一想

在加工过程中，如何有效控制螺纹深度？

说一说

软钳口的轮廓形状如何确定?

4. 软钳口加工，如表 4–3–5 所示。

表 4–3–5　软钳口加工工艺步骤

序号	内容	刀具号	切削参数	示意图
1	装夹合适垫铁，软钳口对刀，坐标系设置于两块软钳口中间上表面			
2	粗加工软钳口切削深度 25 mm，壁边底面各留 0.1 mm 余量	1	S4000 F800	
3	精加工底面外形 0.1 mm，切削深度 25 mm	1	S6000 F800	
4	拆卸垫铁，清理软钳口			

5. 比测台零件半精加工（第一面），如表 4–3–6 所示。

表 4–3–6　比测台零件第一面半精加工工艺步骤

序号	内容	刀具号	切削参数	示意图
1	安装零件，夹深 25 mm，露出 23 mm			
2	工件对刀，坐标系设置于工件上表面中心			
3	粗加工切削深度 18 mm，壁边底面各留 0.3 mm 余量	2	S5000 F2000	
4	G81 钻孔，钻孔深度 26 mm	10	S1200 F80	
5	螺纹铣削 M6 × 1–6H × 3 螺纹深度 23 mm	11	S6000 F300	

6. 比测台零件精加工（第一面），如表 4–3–7 所示。

说一说

根据表 4–3–7 完成比测台零件第一面精加工时，软钳口起什么作用？解决什么问题?

表 4–3–7　比测台零件第一面精加工步骤

序号	内容	刀具号	切削参数	示意图
1	底面精加工底面 0.3 mm，切削最深处 18 mm（控制深度尺寸）	3	S6000 F800	
2	外形精加工壁边 0.3 mm，0.1 mm 控制余量均匀，0.05 mm 半精加工，单独控制尺寸$98^{+0.05}_{+0.01}$精度，切削最深处 18 mm	3	S6000 F800	

（续表）

序号	内容	刀具号	切削参数	示意图
3	外形精加工壁边 0.3 mm，0.1 mm 控制余量均匀，0.05 mm 半精加工，单独控制尺寸$20^{+0.02}_{+0.04}$精度，切削最深处 18 mm	3	S6000 F800	
4	外形精加工壁边 0.3 mm，0.1 mm 控制余量均匀，0.05 mm 半精加工，并控制所有未注精度，切削最深处 18 mm	3	S6000 F800	
5	底面精加工底面 0.3 mm，切削最深处 18 mm（控制深度尺寸）	4	S6000 F800	
6	外形精加工壁边 0.3 mm，0.1 mm 控制余量均匀，0.05 mm 半精加工，单独控制尺寸$12^{+0.02}_{0}$精度，切削最深处 26 mm	4	S6000 F800	
7	外形精加工壁边 0.3 mm，0.1 mm 控制余量均匀，0.05 mm 半精加工，并控制所有未注精度，切削最深处 18 mm	4	S6000 F800	
8	外形精加工壁边 0.3 mm，0.1 mm 控制余量均匀，0.05 mm 半精加工，单独控制尺寸$32^{0}_{-0.025}$精度，切削最深处 5 mm	5	S6000 F600	
9	锐边倒钝 C0.25mm，未注倒角 C1mm，切削最深处 18mm	12	S6000 F1200	
10	拆卸零件，手工去除毛刺			

7. 比测台零件粗精加工（侧面），如表 4-3-8 所示。

表 4-3-8　比测台零件侧面粗精加工工艺步骤

序号	内容	刀具号	切削参数	示意图
1	拆除软钳口，安装 100 mm 高钳口			
2	利用 5 mm、10 mm、15 mm、25 mm 长磁吸垫块装夹零件，$98^{+0.05}_{+0.01}$ $43^{+0.03}_{0}$ 平面为基准校正零件垂直于 Z 轴			
3	工件对刀，坐标系设置于工件上表面中心			

说一说

外形精加工侧壁时，是否可以分层加工？为什么？

说一说

选择什么工具完成手工去除毛刺？手工去除毛刺的注意事项是什么？

（续表）

序号	内容	刀具号	切削参数	示意图
4	粗加工切削深度 18 mm，壁边底面各留 0.3 mm 余量	5	S5500 F1500	
5	底面精加工底面 0.3 mm，切削最深处 18 mm（控制深度尺寸）	5	S6000 F600	
6	外形精加工壁边 0.3 mm，0.1 mm 控制余量均匀，0.05 mm 半精加工，单独控制尺寸 $8^{+0.02}_{0}$ 精度，切削最深处 18 mm	5	S6000 F600	
7	锐边倒钝 C0.25 mm，未注倒角 C1 mm，切削最深处 18 mm	12	S6000 F1200	
8	拆卸零件，手工去除毛刺			

比测台零件加工（第一面）

根据比测台零件加工工艺流程，完成比测台零件第一面的粗加工。

1. 开机，操作步骤如表 4-3-9 所示。

提示

机床电源为工业用电 380 V，须严格注意用电安全。

表 4-3-9　开机的操作步骤

加工设备	DMU 50	设备系统	SIEMENS 840D	工艺夹具	液压平口钳	操作时间	2 min
序号	操作动作		操作提示			示意图	
1	打开机床总电源		电源灯点亮、电器柜风扇旋转工作				
2	打开系统电源		系统屏幕点亮				
3	释放急停按钮		顺时针旋转为释放				
4	打开机床准备按钮		此步骤不操作，则无法操作系统				

2. 安装液压平口钳，操作步骤如表 4–3–10 所示。

表 4–3–10　安装液压平口钳的操作步骤

加工设备	DMU 50	设备系统	SIEMENS 840D	工艺夹具	液压平口钳	操作时间	2 min
工、量、刀具清单				棉纱抹布、液压平口钳扳手、T 型螺钉及配套扳手			
序号	操作动作			操作提示		示意图	
1	擦拭平口钳底面和机床工作台面			使用干净的棉纱擦拭，保护平口钳与工作台面，确保安装精度			
2	将液压平口钳放置于工作台面上			沿机床 Y 轴方向安装，确保零件加工范围在机床行程内			
3	将 T 型螺钉安装于工作台 T 形槽内			定位键不宜过长，影响零件安装与加工			
4	预紧 T 型螺钉			用扳手轻轻紧固平口钳，便于平口钳校正			

注意事项

T 型螺钉应尽量靠近钳口或均匀分布平口钳两侧。

3. 校正液压平口钳位置，操作步骤如表 4–3–11 所示。

表 4–3–11　校正液压平口钳位置的操作步骤

加工设备	DMU 50	设备系统	SIEMENS 840D	工艺夹具	液压平口钳	操作时间	2 min
工、量、刀具清单				磁性表座、百分表、T 型螺钉及配套扳手、铜棒			
序号	操作动作			操作提示		示意图	
1	安装磁性表座			磁性表座吸在主轴箱底或主轴端面			
2	安装百分表，调整百分表测杆			百分表测杆与固定钳口平面垂直			
3	操作机床手轮，使百分表测头与固定钳口接触			确保百分表测杆压缩 0.3 ~ 0.5 mm			

说一说

液压平口钳能否沿机床 X 轴方向安装？为什么？

想一想

表 4–3–11 的序号 2 中，百分表测杆与固定钳口平面不垂直会导致什么问题？

（续表）

加工设备	DMU 50	设备系统	SIEMENS 840D	工艺夹具	液压平口钳	操作时间	2 min
工、量、刀具清单				磁性表座、百分表、T型螺钉及配套扳手、铜棒			
序号	操作动作			操作提示		示意图	
4	校正平口钳，使钳口全长范围内读数一致			校正时，避免百分表侧头横向撞击，导致百分表损坏			
5	拧紧T型螺钉			交替锁紧2个T型螺钉			

注意事项

避免磁性表座和百分表与平口钳发生干涉碰撞。

想一想

在表4-3-12的序号2中，如何选择合适的平行垫块？

4. 安装比测台零件，操作步骤如表4-3-12所示。

表4-3-12　安装比测台零件的操作步骤

加工设备	DMU 50	设备系统	SIEMENS 840D	工艺夹具	液压平口钳	操作时间	2 min
工、量、刀具清单				150 mm × 100 mm × 50 mm 毛坯、一组平行垫块、液压平口钳扳手、铜棒			
序号	操作动作			操作提示		示意图	
1	清理毛坯（150 mm × 100 mm × 50 mm）和平口钳装夹面			毛坯六边去毛倒角，防止毛刺影响装夹精度			
2	将一组平行垫块放置于平口钳上			平行垫块尺寸选择时，确保安装后零件露出平口钳高度35 mm			
3	安装零件并预紧			平口钳夹持零件100 mm的两端面			

注意事项

毛坯均匀放置于平口钳中央，避免受力不均。

5. 校正比测台零件位置，操作步骤如表 4–3–13 所示。

表 4–3–13　校正比测台零件位置的操作步骤

加工设备	DMU 50	设备系统	SIEMENS 840D	工艺夹具	液压平口钳	操作时间	2 min
工、量、刀具清单				磁性表座、百分表、液压平口钳扳手、铜棒			
序号	操作动作			操作提示		示意图	
1	安装磁性表座			磁性表座吸在主轴箱底或主轴端面			
2	安装百分表，调整百分表测杆			百分表测杆与零件上表面垂直			
3	操作机床手轮，使百分表测头与零件上表面接触			确保百分表测杆压缩 0.3 ~ 0.5 mm			
4	校正零件，使零件上表面四周全范围内读数一致			避免百分表侧头横向撞击，导致百分表损坏			
5	夹紧零件			根据零件装夹面的实际情况调整液压平口钳夹紧力，夹紧力不宜过大，合适即可			

6. 安装刀具，操作步骤如表 4–3–14 所示。

表 4–3–14　安装刀具的操作步骤

加工设备	DMU 50	设备系统	SIEMENS 840D	工艺夹具	液压平口钳	操作时间	10 min
工、量、刀具清单				锁刀座、SK40 刀柄及配套扳手、弹簧夹套、刀具（详见刀具清单）			
序号	操作动作			操作提示		示意图	
1	将弹性夹套装入刀柄螺帽			确保弹簧夹套和螺帽的锥面贴合			
2	将刀柄本体放入卸刀座的垂直刀座内			卸刀座的垂直刀座可以装卸刀具，水平刀座可以装卸拉钉			
3	装入刀具			刀具伸出刀柄的长度必须大于最大切削深度 5 mm，同时确保刀具侧刃全部伸出刀柄			
4	拧紧刀柄螺帽			拧紧时一手夹紧，一手握住扳手及刀柄，避免因扳手打滑出现安全问题			

议一议

SK40 刀柄与 BT40 刀柄的区别是什么？

说一说

刀具伸出刀柄的长度为什么必须大于最大切削深度？小于会造成什么问题？

注意事项

弹簧夹套安装的刀具不易过紧，过紧会导致弹簧夹套严重变形，无法均匀夹住刀具。

7. 找正比测台零件，操作步骤如表 4–3–15 所示。

想一想

除了采用光电寻边器找正工件坐标系，还可以采用什么工具进行工件找正？

表 4–3–15　找正比测台零件的操作步骤

<table>
<tr><td>加工设备</td><td>DMU 50</td><td>设备系统</td><td>SIEMENS 840D</td><td>工艺夹具</td><td>液压平口钳</td><td>操作时间</td><td>3.5 min</td></tr>
<tr><td colspan="4">工、量、刀具清单</td><td colspan="4">光电寻边器及配套刀柄</td></tr>
<tr><td>序号</td><td colspan="3">操作动作</td><td colspan="2">操作提示</td><td colspan="2">示意图</td></tr>
<tr><td>1</td><td colspan="3">将装有光电寻边器的刀柄装入主轴</td><td colspan="2">光电寻边器找正时保持主轴停止</td><td colspan="2" rowspan="3"></td></tr>
<tr><td>2</td><td colspan="3">光电寻边器依次接触零件 150 mm、100 mm 的两侧面，找到中心位置</td><td colspan="2">根据工艺卡片确定：第一面粗加工时的加工原点为零件中心</td></tr>
<tr><td>3</td><td colspan="3">将中心坐标输入机床控制面板，设置工件坐标系（X、Y）</td><td colspan="2">工件坐标系为机床当前位置</td></tr>
</table>

8. 对刀，操作步骤如表 4–3–16 所示。

想一想

对刀时运用基准刀具有什么好处？

表 4–3–16　对刀的操作步骤

<table>
<tr><td>加工设备</td><td>DMU 50</td><td>设备系统</td><td>SIEMENS 840D</td><td>工艺夹具</td><td>液压平口钳</td><td>操作时间</td><td>8 min</td></tr>
<tr><td colspan="4">工、量、刀具清单</td><td colspan="4">对刀仪</td></tr>
<tr><td>序号</td><td colspan="3">操作动作</td><td colspan="2">操作提示</td><td colspan="2">示意图</td></tr>
<tr><td>1</td><td colspan="3">对刀仪安装于零件上表面，调出基准刀具</td><td colspan="2">基准刀具可设置一把不用于加工的专用刀具，避免因加工磨损导致对刀误差</td><td colspan="2" rowspan="3"></td></tr>
<tr><td>2</td><td colspan="3">移动机床手轮，使基准刀具至对刀仪上表面，直至对刀仪指针指到“0”</td><td colspan="2">当刀具触碰到对刀仪后，手轮速度调至最慢倍率移动，防止对刀误差和撞坏对刀仪</td></tr>
<tr><td>3</td><td colspan="3">设置工件坐标系（Z）</td><td colspan="2">设置坐标系时减去对刀仪厚度</td></tr>
</table>

（续表）

加工设备	DMU 50	设备系统	SIEMENS 840D	工艺夹具	液压平口钳	操作时间	8 min
工、量、刀具清单				对刀仪			
序号	操作动作			操作提示		示意图	
4	将对刀仪放置于机床工作台面上			擦拭干净机床工作台面			
5	移动机床手轮，使基准刀具至对刀仪上表面，直至对刀仪指针指到“0”，记录此位置的机床 Z 轴坐标值			当刀具触碰到对刀仪后，手轮速度调至最慢倍率移动，防止对刀误差和撞坏对刀仪			
6	依次将每把刀具都装于主轴上，移动机床手轮，使刀具至对刀仪上表面，直至对刀仪指针指到“0”，与基准刀具的 Z 轴坐标比较，得到两者的差值，输入刀具补偿参数表			注意每一把刀具差值的“+/–”号，比基准刀短的刀具差值为“–”，比基准刀长的刀具差值为“+”			

9. 调用程序并加工，操作步骤如表 4-3-17 所示。

表 4-3-17 调用程序并加工的操作步骤

加工设备	DMU 50	设备系统	SIEMENS 840D	工艺夹具	液压平口钳	操作时间	–
工、量、刀具清单				U 盘			
序号	操作动作			操作提示		示意图	
1	将装有程序的 U 盘插入系统			系统识别程序格式为 .mpf			
2	在控制面板中调出加工程序			使用机床模拟仿真验证程序是否准确			
3	检查 S、F 倍率			S 倍率调整至 100% F 倍率调整至 0			
4	启动程序			启动运行后逐步调大 F 倍率，程序运行正确后调整至 100%			

说一说

启动程序前，为什么将 F 倍率调整至 0？

依据世赛要求，本任务评分标准如表 4-3-18 所示。

表 4-3-18 任务评价表

序号	评价项目	评分标准	分值	得分
1	设备开机	按设备开机顺序完成开启机床总电源、系统电源、急停按钮、机床准备按钮，操作完成得 10 分，漏一项及以上不得分	10	
2	安装液压平口钳	按安装液压平口钳顺序完成擦拭平口钳、安装 T 型螺丝、安装平口钳，操作完成得 10 分，漏一项及以上不得分	10	
3	校正液压平口钳位置	运用百分表完成液压平口钳位置校正，校正精度达 0.01 mm 之内得 10 分，精度不达 0.01 mm 不得分	10	
4	安装比测台零件	根据安装比测台零件顺序完 150 mm × 100 mm × 50 mm 毛坯的安装、平行垫块的选择与安装，完成得 10 分，漏一项及以上不得分	10	
5	校正比测台零件位置	运用百分表完成零件位置校正，校正精度达 0.02 mm 之内得 10 分，精度不达 0.02 mm 不得分	10	
6	安装刀具	根据装刀顺序完成刀具安装，完成安装得 10 分，其余不得分	10	
7	找正比测台零件	运用光电寻边器完成比测台零件 X、Y 轴找正，并设置工件坐标系 X、Y 轴，全部完成得 15 分，其余不得分	15	
8	对刀	运用对刀仪完成比测台零件 Z 轴对刀，并设置工件坐标系 Z 轴，全部完成得 15 分，其余不得分	15	
9	调用程序并加工	完成调用程序、调整 S/F 倍率、启动程序，完成得 10 分，其余不得分	10	

说一说

根据基准的作用不同，可将基准分为几类？

一、加工基准的选择

基准在机械制造中应用十分广泛，机械产品的设计、零件加工、测量和装配都要用到基准。基准就是用来确定生产对象几何关系所依据的点、线或面。其中，加工基准是根据零件的加工工艺过程，为方便装夹定位和测量而确定的基准。通常也把加工基准作为数控加工程序的编程原点。

选择加工基准的一般原则：

以未加工的毛坯面作为加工基准，称为粗基准。用已加工过的表面作为加工基准，称为精基准。

1. 粗基准选择原则

（1）为保证零件上加工表面与不加工表面之间的位置要求，则应以不加工表面为粗基准。

（2）必须保证某重要表面的加工余量均匀，则应选择该表面为粗基准。

（3）零件上有较多加工面时，应选择毛坯上加工余量最小的表面为粗基准。

（4）应选择尽可能平整和光洁的表面。

（5）粗基准应避免重复使用，在同一尺寸方向通常只允许使用一次。

2. 精基准选择原则

（1）基准重合原则：应尽量选用被加工表面的设计基准作为精基准。

（2）基准统一原则：应尽可能选择同一组精基准加工零件上尽可能多的加工表面。

（3）互为基准原则：当零件上两个加工表面之间的位置精度要求比较高时，可以采用两个加工表面互为基准反复加工的方法。

（4）自为基准原则：有些精加工工序，为了保证加工质量，要求加工余量小而均匀，可采用加工面自身作为定位基准。

（5）便于装夹原则：所选择的精基准，应能保证定位准确、可靠、夹紧机构简单，操作方便。

二、选择比测台零件的定位基准

说一说

比测台定位基准是如何选择的？

通过比测台零件图可以确定，图 4-3-1 所示标注了 A、B、C 的三个平面，它们不仅是两个形位公差的基准，同时零件中的尺寸基线也是从这三个平面引出。比测台零件的毛坯是经过精加工的精毛坯，A、B、C 三个平面相互之间的垂直度误差满足整个零件加工精度要求。因此，A、B、C 三个平面可作为 X、Y、Z 三个方向的定位基准，三个面的交点作为编程原点。

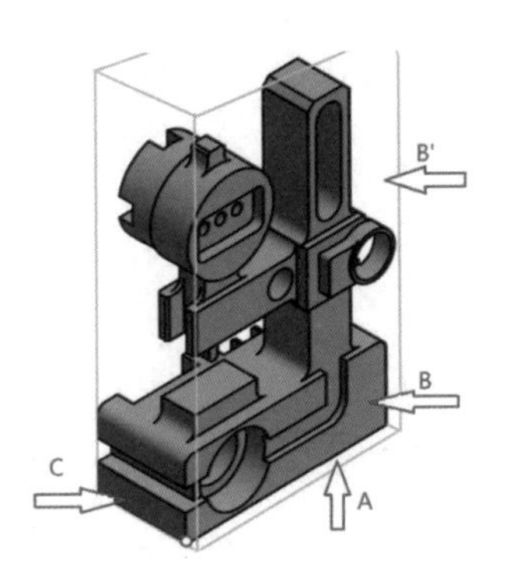

图 4-3-1　零件示意图

思考与练习

说一说

分析产生机床误差的原因。

1. 请简述光电寻边器和机械式寻边器的优缺点。

2. 比测台零件需要多次装夹定位才能完成加工，假设比测台零件需要实现批量生产，请尝试设计工艺板，实现批量件的快速装夹，提高生产效率。

3. 技能训练：请尝试完成 Z 轴对刀，并消除机床误差对对刀精度的影响。

模块五

测量零件

测量零件，一般是指测量线性尺寸和形位公差，其中线性尺寸包括定形尺寸和定位尺寸。定形尺寸包含长度、高度、宽度、深度等，用来标记该零件处于大结构中的具体位置，如在长方体上挖一个圆柱孔时，该孔中心轴与长方体边界的距离就是定位尺寸。形位公差包含平行度、垂直度、同轴度等。另外，还要测量其硬度、强度、耐磨性能、耐冲击性能（这些不属于机械加工范围，在这里不做介绍）、表面粗糙度等，测量的目的是保证机械性能能够达到设计的要求。

机械加工中的测量技术根据其方式不同可分为在线测量（加工中测量）和离线测量（加工后测量）。本模块以世赛典型零件比测台为载体，着重讨论采用通用量具进行离线测量零件尺寸、形状和表面粗糙度的方法与步骤，同时给出了通用量具的选用原则，对于参加竞赛和生产的学生具有一定的指导意义。

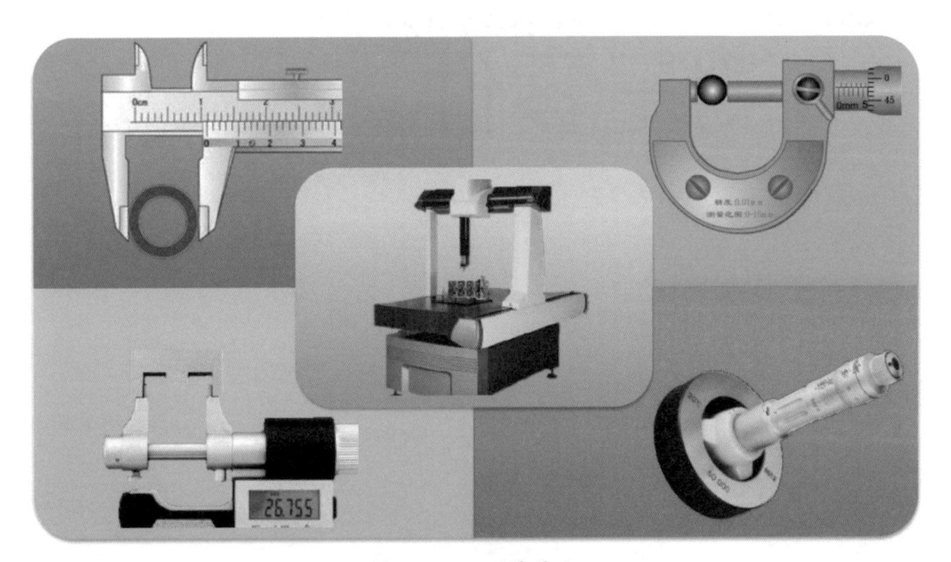

图 5-0-1　测量量具

任务1　测量轮廓尺寸

学习目标

1. 能根据零件图上的尺寸精度、形状选用合适的量具测量。
2. 能校正外径千分尺、游标卡尺等量具的零位。
3. 能熟练使用外径千分尺、游标卡尺等量具测量外轮廓尺寸。
4. 养成严谨细致、一丝不苟、精益求精的工匠精神以及规范摆放量具的职业素养。

情景任务

作为一名合格的数控铣操作工，不仅需要掌握零件的加工技能，还要掌握各种量具的组成结构和测量方法。

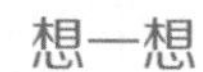

想一想

哪些因素将会引起测量误差？

前一个模块学习了比测台零件在数控机床上加工的具体操作步骤，本次任务将对比测台（见图5-1-1）零件进行精度检测。检测时须根据零件图所标注的尺寸要求，判断和选择合适的量具，运用正确的方法和步骤检测出比测台的实际尺寸。

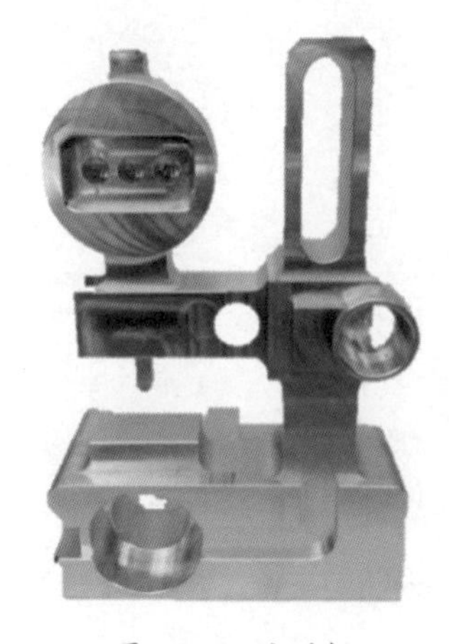

图5-1-1　比测台

思路与方法

要了解机械加工中的公差与质量问题，必须先弄清基本尺寸、尺寸偏差、极限尺寸、实际尺寸、尺寸公差等概念。

一、什么是基本尺寸、尺寸偏差和极限尺寸?

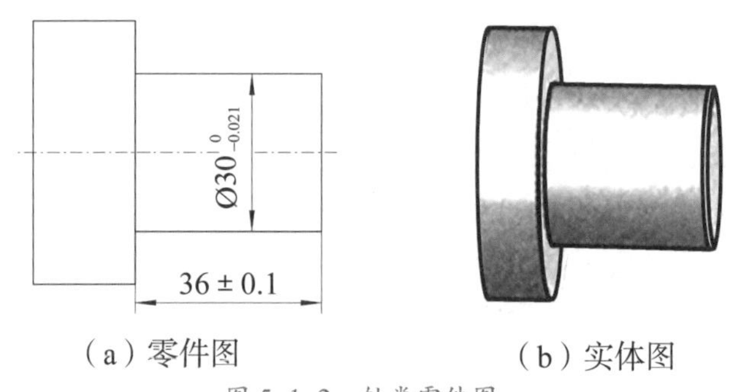

（a）零件图　　（b）实体图

图 5-1-2　轴类零件图

1. 基本尺寸

如图 5-1-2（b）所示的轴类零件中，仅表示零件基本大小的尺寸，并非在实际加工中要求得到的尺寸，称为基本尺寸。图 5-1-2（a）中的长度“36”和外径“30”均为基本尺寸。

2. 尺寸偏差

尺寸偏差是指某一尺寸（实际尺寸、极限尺寸等）减去基本尺寸的代数差。最大极限尺寸减去基本尺寸所得的代数值称为上偏差；最小极限尺寸减去基本尺寸所得的代数值称为下偏差。

如图 5-1-2（a）中的 $Ø30_{-0.021}^{0}$，其基本尺寸 Ø30 右侧所标的即为尺寸偏差，位于上方的“0”为上偏差，位于下方的“−0.021”为下偏差。轴的上偏差用代号“es”表示，下偏差用代号“ei”表示；孔的上偏差用代号“ES”表示，下偏差用代号“EI”表示。

3. 极限尺寸

在制造时，由于不可能将零件尺寸加工得与基本尺寸完全相同，因此，给合格零件引入了另一个尺寸——极限尺寸。

允许尺寸变化的界限值（最大、最小两个界限值）称为极限尺寸。其中，较大的一个称为最大极限尺寸（基本尺寸 + 上偏差），较小的一个称为最小极限尺寸（基本尺寸 + 下偏差）。孔和轴的最大、最小极限尺寸分别用 Dmax、dmax 和 Dmin、dmin 表示。对于非孔、轴零件的极限尺寸，则用 Lmax、Lmin 表示。如图 5-1-2（a）所示，零件外径的极限尺寸如下：

零件外径的最大极限尺寸 dmax 为 Ø30【30 + 0 = 30 mm】。

零件外径的最小极限尺寸 dmin 为 Ø29.979【30 +（−0.021）= 29.979 mm】。

想一想

如果有一基本尺寸一致的轴和孔相配合，其最大、最小极限尺寸有什么关系?

零件长度最大极限尺寸 Lmax 为 36.1【36 +（+0.1）= 36.1 mm】。

零件长度最小极限尺寸 Lmin 为 35.9【36 +（−0.1）= 35.9 mm】。

基本尺寸和极限尺寸在设计时的定位功能和作用是不同的，如表 5-1-1 所示。

表 5-1-1　关于基本尺寸和极限尺寸的基本概念

名称	符号	定义	注释
基本尺寸（公称尺寸）	D/d/L	零件尺寸的基本大小	它是设计时给定的尺寸（设计时，采用类比法或计算法大概确定，然后进行圆整标准化。圆整的目的是为了减少定尺寸刀具、量具的规格和数量）
极限尺寸	Dmax、Dmin dmax、dmin Lmax、Lmin	允许尺寸变化的界限值	它是设计者在确定基本尺寸的同时，为了满足某种使用上的要求而选定的。例如，为了使轴能在孔中转动，应把孔的极限尺寸规定得大一些，相应的轴的极限尺寸要规定得比孔小一些

二、什么是实际尺寸？

1. 实际尺寸的定义

实际尺寸是指通过量具直接测量获得的具体尺寸读数，如图 5-1-3 所示。孔、轴的实际尺寸分别用 Da、da 表示，非孔、轴的实际尺寸用 La 表示。

想一想

测量出的实际尺寸是否为零件的真实尺寸？

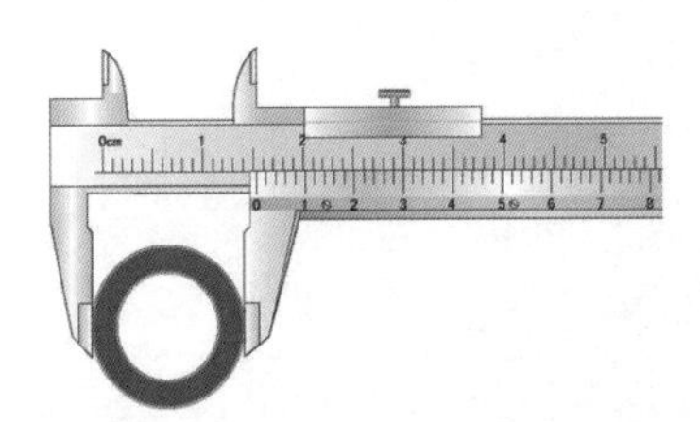

此时，量具（游标卡尺）上的读数为 15.30，即该零件的外径实际尺寸为 Ø15.3 mm

图 5-1-3　实际尺寸测量示例

注意事项

机械加工中，实际尺寸无限接近于理想尺寸，但不可能等于理想尺寸。

2. 实际尺寸的意义

若不计其他因素影响，实际尺寸在两极限尺寸范围内，即孔：Dmin ≤ Da ≤ Dmax。

轴：dmin ≤ da ≤ dmax。

非孔轴：Lmin ≤ La ≤ Lmax。

则表示零件合格，反之零件不合格。

三、什么是尺寸公差?

1. 尺寸公差的定义

加工误差是不可避免的，尺寸公差是指产品允许的尺寸变动量，称为尺寸公差，简称公差。零件加工时，要将误差控制在尺寸公差范围内，如图 5–1–4 所示，保证同一规格零件彼此充分近似，就能保证零件的合格性。

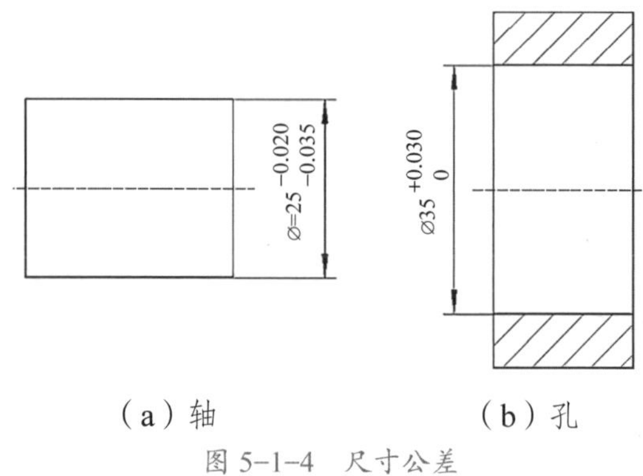

（a）轴　　（b）孔

图 5–1–4　尺寸公差

2. 公差的计算

公差是最大极限尺寸与最小极限尺寸之代数差的绝对值，也可以是上下偏差之代数差的绝对值。轴的公差用 Ta 表示，即

Ta = | dmax − dmin | 或 Ta = | es − ei |。

孔的公差用 Th 表示，即

Th = | Dmax − Dmin | 或 Th = | ES − EI |。

如图 5–1–4（a）所示轴径尺寸$Ø25^{-0.020}_{-0.035}$，其公差：

Ta = | dmax − dmin | = | 24.980 − 24.965 | = 0.015（mm）;

或 Ta = | es − ei | =（−0.020）−（−0.035）| = 0.015（mm）。

如图 5–1–4（b）所示孔径尺寸$Ø35^{+0.030}_{0}$，其公差：

Th = | Dmax − Dmin | = | 35.030 − 35 | = 0.030（mm）;

或 Th = | Es − Ei | = | +0.030 − 0 | = 0.030（mm）。

想一想

为保证工件的加工精度，公差是否设计得越小越好?

3. 公差的意义

从使用角度和加工角度考虑，基本尺寸相同，公差值越大，工件精度越低，越容易加工；反之，公差值越小，工件精度越高，加工难度越大。如$Ø30^{0}_{-0.021}$和$Ø30^{0}_{-0.03}$，很明显，后者加工较前者容易，因为后者公差比前者大。

4. 公差与极限偏差的比较

（1）从数值上看：极限偏差是代数值（正值、负值或零值）；而公差是允许尺寸的变动范围，是没有正负号的绝对值（不能为零）。

（2）从作用上看：极限偏差用于控制实际偏差，是判断完工零件是否合格的根据；而公差则控制一批零件实际尺寸的差异程度。

想一想

公差的大小和加工成本的关系是什么？

（3）从工艺上看：对某一具体零件，公差大小反映了加工的难易程度，即加工精度的高低，它是制定加工工艺的主要依据；而极限偏差则是调整机床决定切削工具与工件相对位置的依据。

（4）公差是上、下偏差之代数差的绝对值，所以确定了两极限偏差也就确定了公差。

四、量具的选择原则有哪些？

1. 精度要求较低（±0.5 mm）的轮廓尺寸可用钢直尺和卡钳测量。
2. 精度要求中等（±0.05 mm）的轮廓尺寸可用游标卡尺测量。
3. 精度要求较高（±0.02 mm）的轮廓尺寸可用千分尺测量。
4. 精度要求更高（±0.01 mm）的轮廓尺寸可用光滑孔用塞规测量。

五、测量轮廓尺寸的量具有哪些？

1. 游标卡尺

想一想

如何练习控制游标卡尺测量时的测量力（轮的推力大小）？

（1）游标卡尺的结构

游标卡尺的结构如图 5-1-5 所示，它是一种较精密的量具，利用游标尺（或副尺）和主标尺尺身相互配合进行测量和读数。游标卡尺适合于中等测量精度（公差等级为 IT9 级以上）尺寸的测量与检验，它可以直接测量零件的外径、内径、长度、宽度、深度等。

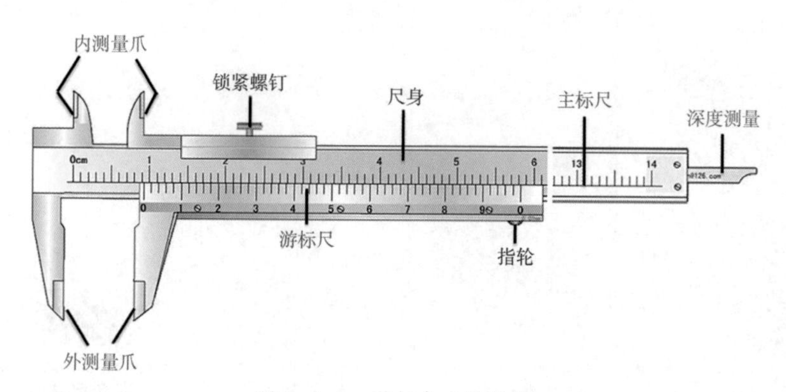

图 5-1-5　游标卡尺的结构

（2）其他游标量具

表 5–1–2 中出示的深度游标卡尺、高度游标卡尺的刻线原理与游标卡尺相同。为了减小测量和读数误差，提高测量的准确度和速度，有的卡尺还装有百分表和数显装置，成为带表卡尺和数显卡尺，如表 5–1–2 所示。

表 5–1–2　其他类型卡尺

名称	结构图	简要说明
深度游标卡尺		用于测量孔、槽的深度，台阶的高度
高度游标卡尺		用于测量工件的高度和进行画线，更换不同的卡脚，以适应不同需要
带表游标卡尺		带表卡尺的外形与普通卡尺相似，用表式机构代替游标读数，测量准确迅速，提高了测量精度
数显游标卡尺		可以直观地读出所测数值，精度较高

（3）游标卡尺的测量场合

游标卡尺可以用来测量内外轮廓尺寸、深度尺寸和台阶差尺寸等，如图 5–1–6 所示。

想一想

以上所述均为工件在已卸下情况下的测量（离线测量），如果现在工件未卸下（在线测量），又该如何测量？测量过程中又应注意些什么？

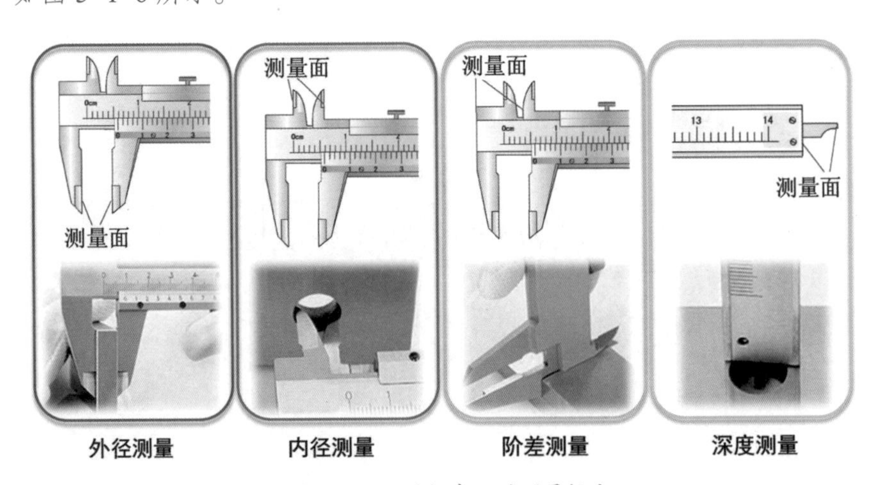

图 5–1–6　游标卡尺的测量场合

2. 千分尺

（1）外径千分尺的结构

外径千分尺的结构如图 5–1–7 所示，它由尺架、测量螺杆、固定套筒、微分筒、棘轮测力装置（它是限制测量力大小的机构）和锁紧装置（它能限制测量螺杆的旋转）等组成。

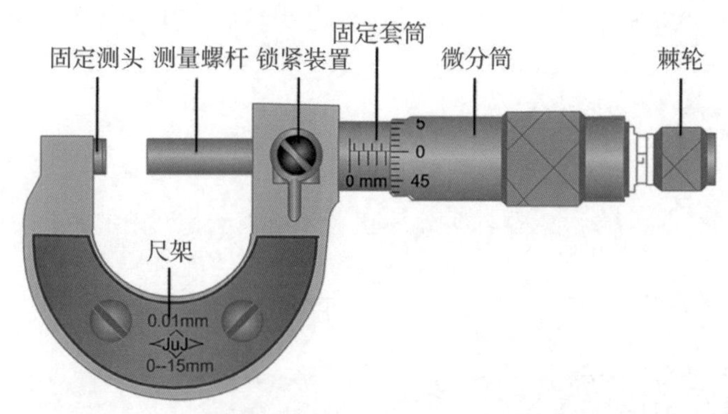

图 5–1–7　外径千分尺的结构

想一想

根据外径千分尺的结构原理，怎样实现校正零位？应该注意些什么？

（2）外径千分尺的传动原理

外径千分尺利用螺旋传动原理，即螺杆在螺母中旋转一周，螺杆便沿着旋转轴线方向前进或后退一个螺距的距离，将角位移转变成直线位移进行长度测量，读数机构由固定套筒和活动套筒组成。

固定套筒在轴线方向上刻有一条中线，中线的上下各刻一排刻线，刻线每一格间距均为 1 mm（中线上边是毫米刻度线，下边是半毫米刻度线），线间距相互错开 0.5 mm，在微分筒上有 50 等分的可转动刻度线，如图 5–1–8 所示。

因为外径千分尺测量螺杆的螺距为 0.5 mm，如图 5–1–9 所示，即螺杆每转一周，轴向前进或向后退 0.5 mm，所以，微分筒上每一小格的读数值为 0.5 mm ÷ 50 格 = 0.01 mm/ 格。由于还能再估读一位，可读到毫米的千分位，故又名千分尺。

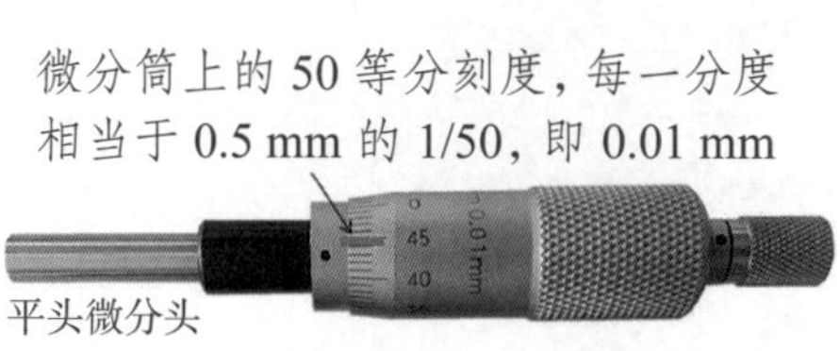

微分筒上的 50 等分刻度，每一分度相当于 0.5 mm 的 1/50，即 0.01 mm

平头微分头

图 5–1–8　外径千分尺的传动原理

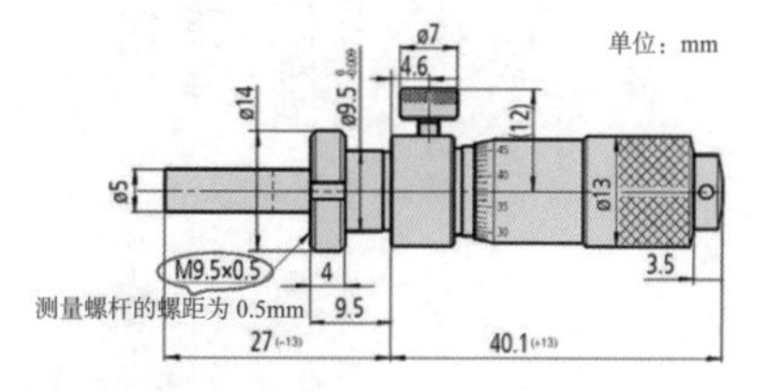

图 5–1–9　外径千分尺测量螺杆的螺距

注意事项

只有通过专业检测机构标定的千分尺才能用于企业生产。

（3）外径千分尺的精度与规格

外径千分尺使用方便，读数准确，其测量精度比游标卡尺高。一般测量精度（分度值）是 0.01 mm。

外径千分尺按测量范围常用的规格有 0 ~ 25 mm、25 ~ 50 mm、50 ~ 75 mm、75 ~ 100 mm 等。0~300 mm 每隔 25 mm 为一挡；300~1000 mm 每隔 100 mm 为一挡；1000~1600 mm 每隔 200 mm 为一挡。

（4）外径千分尺的读数方法

外径千分尺分为标准刻度和带有游标刻度两种，标准刻度分度值为 0.01 mm，固定套筒带游标刻度分度值为 0.001 mm，如图 5-1-10 所示。

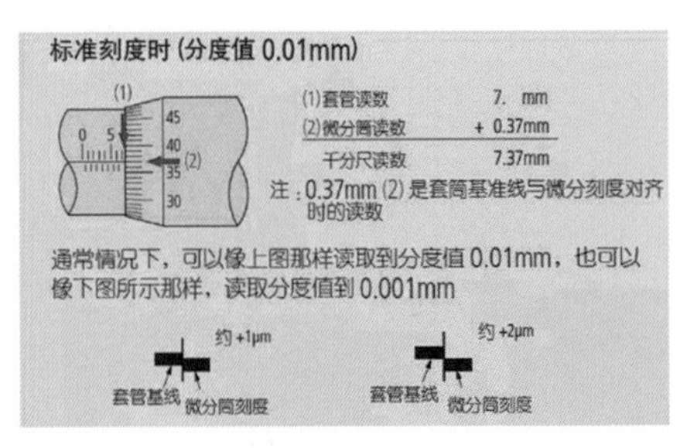

（a）分度值 0.01 mm　　（b）分度值 0.001 mm

图 5-1-10　外径千分尺的读数方法

注意事项

读取微分筒读数时要直视基准线。如果从某个角度看刻度线，由于视觉误差将不能读取到线的正确位置，如图 5-1-11 所示。

想一想

请简述读数时没有直视基准线，读数和真实尺寸大小的关系。

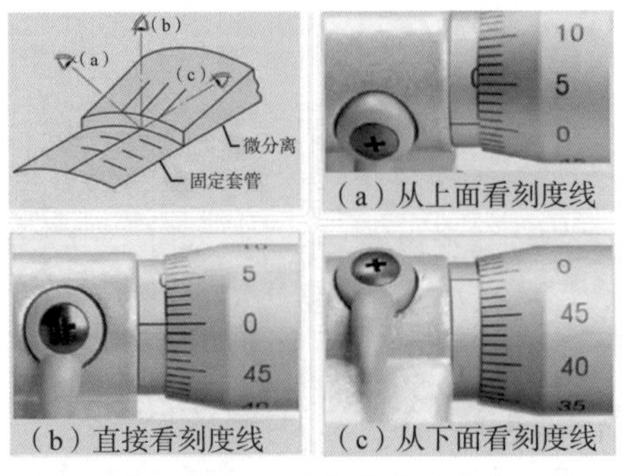

（a）从上面看刻度线

（b）直接看刻度线

（c）从下面看刻度线

图 5-1-11　多角度看刻度线

（5）外径千分尺的测量手势

测量小尺寸工件时，可以采用单手操作千分尺进行测量。左手握住工件，用右手单手操作进行测量，如图 5-1-12（a）所示，用右手大拇指根部和无名指、小指夹住千分尺的尺架，并压向手心，用食指和大拇指旋转微分筒和棘轮来调整尺寸。还可以采用如图 5-1-12（b）所示的方法，利用右手食指和大拇指捏住微分筒，小指和无名指勾住尺架并压向手心。测量时，大拇指和食指转动微分筒，转动时轻微用力使之与测量面接触。但由于手法限制，不能使用测力装置进行测量，测力的大小完全凭手指的感觉来控制，这种测量方法须有丰富的测量经验，才能对测量力有恰到好处的把控。这种测量方法的好处是一个人能独立完成测量，不需要借助辅助支架，测量快速、方便；缺点是无法使用测力装置，测量力把控不好，测量数据不稳定。

想一想

独立单手测量时，如何有效控制测量力？

在条件允许的前提下，应尽可能使用支架测量法，如图 5-1-13 所示，利用千分尺的测力装置可使测量力不变，测量数据更稳定、准确。

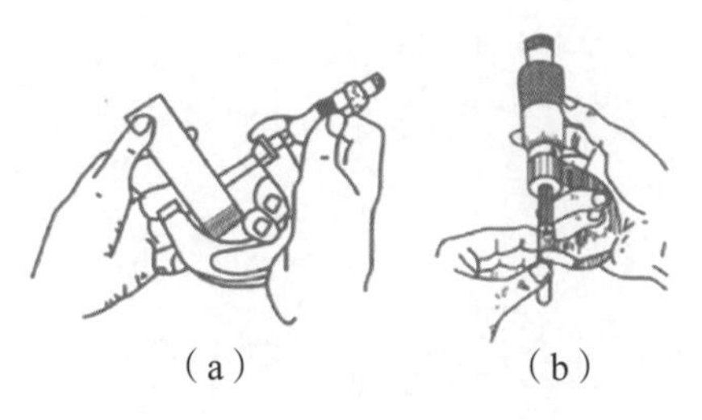
（a） （b）

图 5-1-12 单手测量法

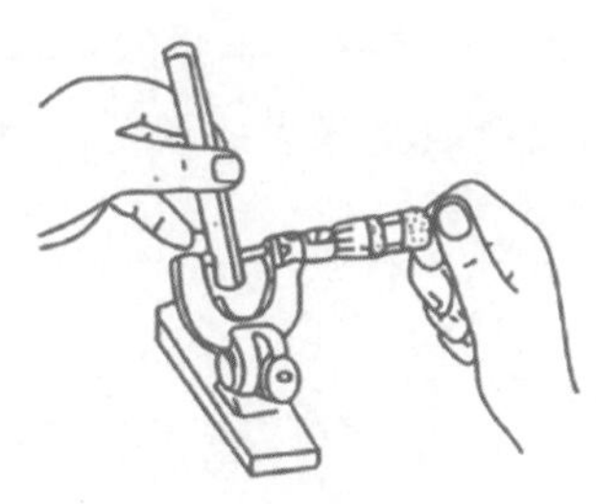

图 5-1-13 支架测量法

（6）其他千分尺

其他常见千分尺还有内测千分尺、公法线千分尺、杠杆千分尺，它们的结构和用法如表 5-1-3 所示。

想一想

结合公法线千分尺的结构原理，想一想测量时应注意哪些测量细节。

表 5-1-3 其他千分尺的结构和用法

名称	结构图	简要说明
内测千分尺		基本上与外径千分尺的结构相似，只不过这种内测千分尺的刻线与外径千分尺刚好相反
公法线千分尺		主要用于测量外轮廓圆柱齿轮的公法线长度，其结构与外径千分尺相似，在固定测头和测量螺杆的端部带有网盘状的测头
杠杆千分尺		主要由螺旋测量结构和杠杆齿轮结构组成，用途与外径千分尺相同，主要用于测量高精度工件的外轮廓尺寸

六、为什么要在不同地方多次测量轮廓尺寸？

1. 由于形状误差和测量过程中测量误差的存在，被测表面各部位测得的实际尺寸（D 或 d）往往是不相等的，其放大后的情况如图 5-1-14 所示。

想一想

重复测量多次的数据误差较大，其原因是什么？

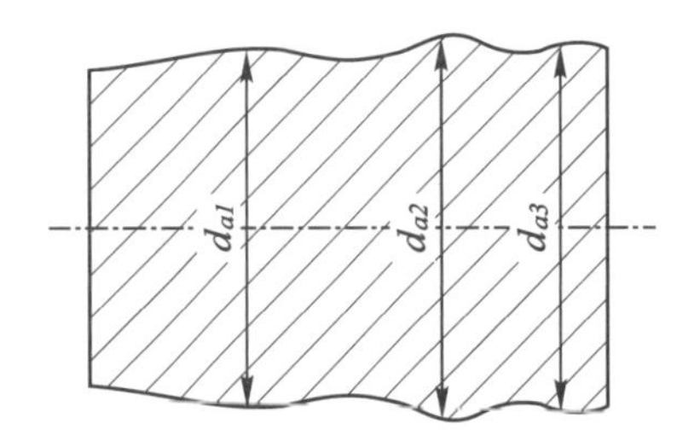

（a）轴表面各部位测得的实际尺寸

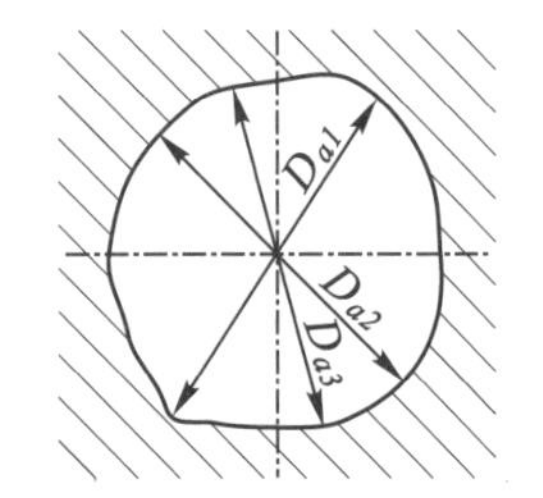

（b）孔表面各部位测得的实际尺寸

图 5-1-14　被测表面各部位测得的实际尺寸

2. 同一零件的相同部位用同一量具重复测量多次，由于测量误差的随机性，其测得的实际尺寸也不一定完全相同。

> **注意事项**
>
> 测量时，取点越多，就越接近真实形状，精度也就越高。

一、比测台外轮廓尺寸测量

比测台外轮廓尺寸有$Ø40_{-0.06}^{-0.04}$、$20_{+0.02}^{+0.04}$、$98_{+0.01}^{+0.05}$、$Ø3_{0}^{+0.02}$、$1_{+0.04}^{+0.06}$等，下面以测量$Ø40_{-0.06}^{-0.04}$为例介绍测量步骤，如图 5-1-15 所示。

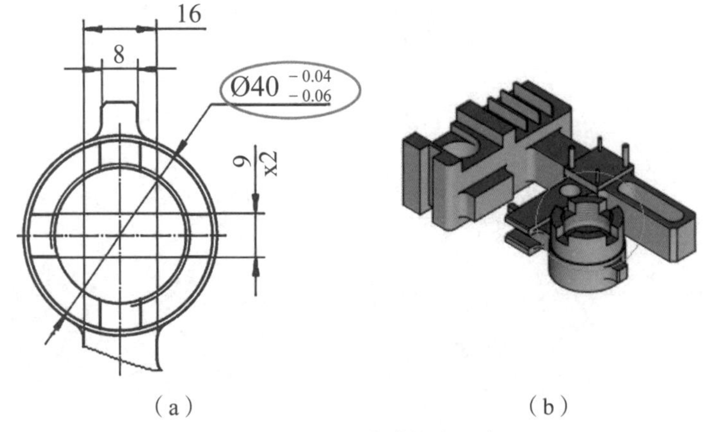

（a）　（b）

图 5-1-15　测量外轮廓尺寸

1. 选择量具

根据被测对象的直径大小、精度、现状等因素，选用 25 ~ 50 mm 的外径千分尺。

2. 擦净零件被测表面

（1）用气枪吹掉加工留下的铝屑和冷却液。

（2）用无尘布擦去测量面上任何灰尘、碎屑、污渍、指纹和其他碎片。

3. 校正千分尺

（1）用无尘布将千分尺的固定测头和测量螺杆的测量面擦干净。

（2）将标准棒放在测头和测量螺杆之间检查零位，如图 5–1–16 所示。

想一想

如果零位偏差是由于微分套筒的轴向位置相差较远而致，那么，又该如何调整？

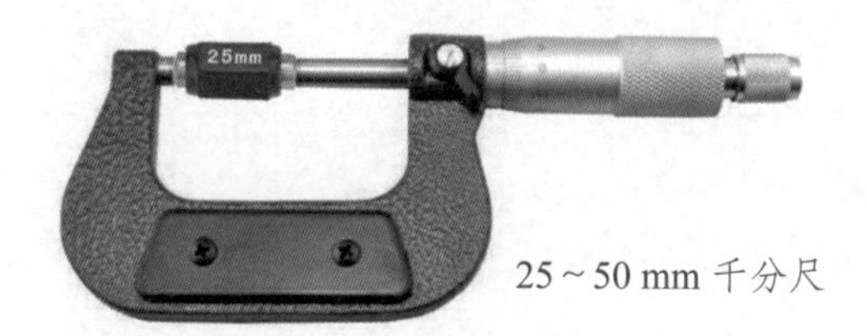

图 5–1–16　校正千分尺

4. 测量零件

（1）测量时可用单手或双手操作，具体方法如图 5–1–17 所示。旋转力要适当，一般应先旋转微分筒，当测量面快接触或刚接触工件表面时，再旋转棘轮，控制一定的测量力，当棘轮发出“咔、咔、咔”声时，最后读出读数。

（a）双手测量

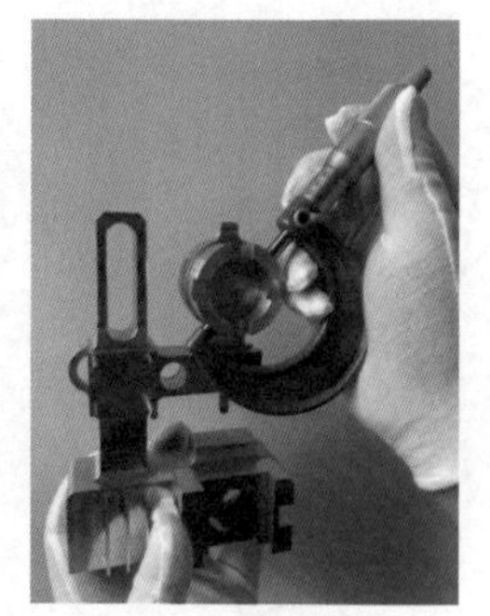

（b）单手测量

图 5–1–17　测量外径

（2）取平均值：取上、中、下三截面多次测量（每测量一个截面，将千分尺旋转 90°），取平均值，以消除测量误差。在表 5–1–4 中记录

想一想

测量同一尺寸时，加工中与加工后的测量方法和手法是否一致？该如何测量？

不同测量点的尺寸，为分析加工误差（圆度、圆柱度）提供依据。

表 5-1-4　比测台外轮廓测量数据记录表

测量截面	测量方位	读数
Ⅰ—Ⅰ（上）	A — A′	
	B — B′	
Ⅱ—Ⅱ（中）	A — A′	
	B — B′	
Ⅲ—Ⅲ（下）	A — A′	
	B — B′	
合格性判断		

注意事项

读取测量值时，一定要保持眼睛直视微分筒刻度线，以避免产生读数误差。

二、比测台内轮廓尺寸测量

比测台内轮廓尺寸有$12^{+0.02}_{0}$、$12^{+0.02}_{0}$、$8^{+0.02}_{0}$、$32^{+0.065}_{+0.04}$、$32^{0}_{-0.025}$、$25^{+0.02}_{0}$，下面以测量$32^{0}_{-0.025}$为例介绍测量步骤，如图 5-1-18 所示。

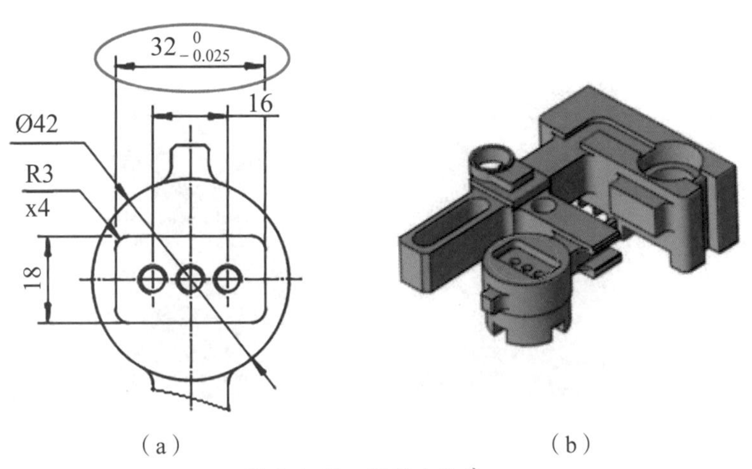

图 5-1-18　测量内轮廓

1. 选择量具

测量零件尺寸时，要按照零件尺寸的精度要求，选用相适应的量具。游标卡尺是一种中等精度的量具，它只适用于中等精度尺寸的测量和检验，但是数显游标卡尺可以适用于高精度尺寸的测量和检验。量具都有一定的示值误差，如表 5-1-5 所示，所以根据被测对象的精度、现状等因素，选用精度为 0.01 mm 的数显游标卡尺，如图 5-1-19 所示。

表 5-1-5 量具的示值误差

量具	游标读数值	示值总误差
游标卡尺	0.02	± 0.02
数显游标卡尺	0.01	± 0.01

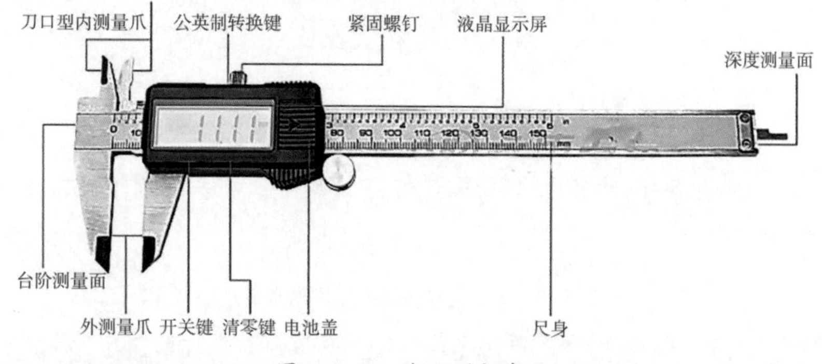

图 5-1-19 数显游标卡尺

想一想

内测量爪有间隙时，该如何标正零位？

2. 擦净零件被测表面

（1）用气枪吹掉加工留下的铝屑和冷却液。

（2）用无尘布擦去测量面上任何灰尘、碎屑、污渍、指纹和其他碎片。

3. 校正数显游标卡尺

将数显游标卡尺测量爪擦拭干净，并合拢，按 zero 键，数据归零，如图 5-1-20 所示。

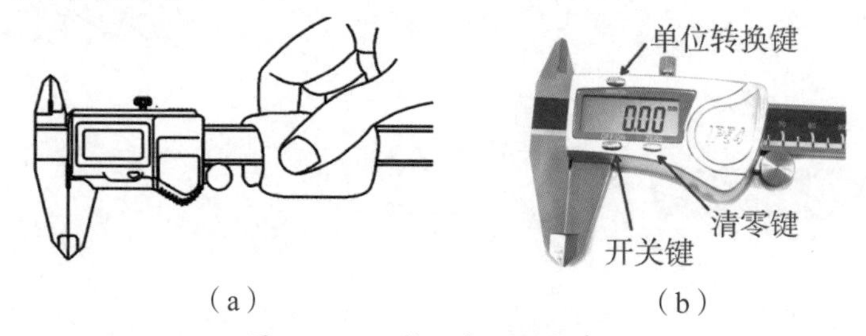

图 5-1-20 校正数显游标卡尺

4. 测量零件

（1）拧松紧固螺钉，轻轻移动游标将内测量爪放入被测零件内轮廓的测量型腔内。

（2）通过拇指滚轮，控制两量爪与待测物的接触松紧程度。

想一想

槽宽的尺寸怎么测量？应注意哪些方面？

（3）直接读出数显游标卡尺上的读数，即为该测量面的实际尺寸，如图 5-1-21 所示。

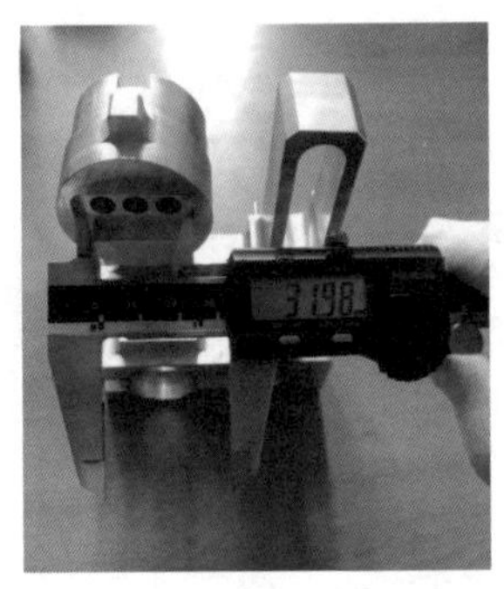

图 5-1-21　测量内轮廓尺寸

（4）旋紧紧固螺钉将游标固定在尺身上，拿出后视线与尺面垂直读数。

（5）取上、中、下三截面不同方向多次测量，取平均值，以消除测量误差。在表 5-1-6 中记录不同测量点的尺寸，为分析加工误差（垂直度）提供依据。

表 5-1-6　比测台内轮廓测量数据记录表

测量截面	测量方位	读数
Ⅰ—Ⅰ	A—A′	
	B—B′	
Ⅱ—Ⅱ	A—A′	
	B—B′	
Ⅲ—Ⅲ	A—A′	
	B—B′	
合格性判断		

依据世赛评分要求，本任务的评分标准如表 5-1-7 所示。

表 5-1-7　任务评价表

序号	评价项目	评分标准	分值	得分
1	$Ø40^{-0.04}_{-0.06}$	与三坐标测量结果对比超差 ± 0.005 mm 不得分	7	

（续表）

序号	评价项目	评分标准	分值	得分
2	$20^{+0.04}_{+0.02}$	与三坐标测量结果对比超差 ± 0.005 mm 不得分	7	
3	$98^{+0.05}_{+0.01}$	与三坐标测量结果对比超差 ± 0.005 mm 不得分	7	
4	$\varnothing 3^{+0.02}_{0}$	与三坐标测量结果对比超差 ± 0.005 mm 不得分	7	
5	$1^{+0.06}_{+0.04}$	与三坐标测量结果对比超差 ± 0.005 mm 不得分	7	
6	$118^{+0.03}_{0}$	与三坐标测量结果对比超差 ± 0.005 mm 不得分	7	
7	$12^{+0.02}_{0}$	与三坐标测量结果对比超差 ± 0.005 mm 不得分	7	
8	$12^{+0.02}_{0}$	与三坐标测量结果对比超差 ± 0.005 mm 不得分	7	
9	$8^{+0.02}_{0}$	与三坐标测量结果对比超差 ± 0.005 mm 不得分	7	
10	$32^{+0.065}_{+0.04}$	与三坐标测量结果对比超差 ± 0.005 mm 不得分	7	
11	$32^{0}_{-0.025}$	与三坐标测量结果对比超差 ± 0.005 mm 不得分	7	
12	$25^{+0.02}_{0}$	与三坐标测量结果对比超差 ± 0.005 mm 不得分	7	
13	量具的选用	选错不得分	4	
14	量块的组合	不合理不得分	4	
15	量具的摆放	一把摆放不整齐扣 2 分，扣完为止	4	
16	量具的保养	一把量具没保养扣 2 分，扣完为止	4	

想一想

针对自己的失分项，如何总结问题？

量块的应用

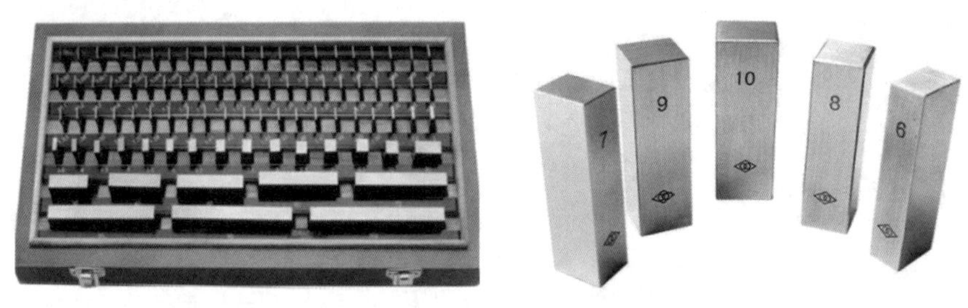

图 5-1-22　量块

一、量块的简介

量块也称为块规，主要形状有长方体和圆柱体，用铬锰钢等特殊合金钢或陶瓷等线膨胀系数小、性质稳定、耐磨性好及不易变形的材料制成，是量具的长度基准，如图 5-1-22 所示。它是保持度量统一的重要量具，在相对测量时，用于校正、调整测量器具的零位，也可用于精密测量和机床的调整。

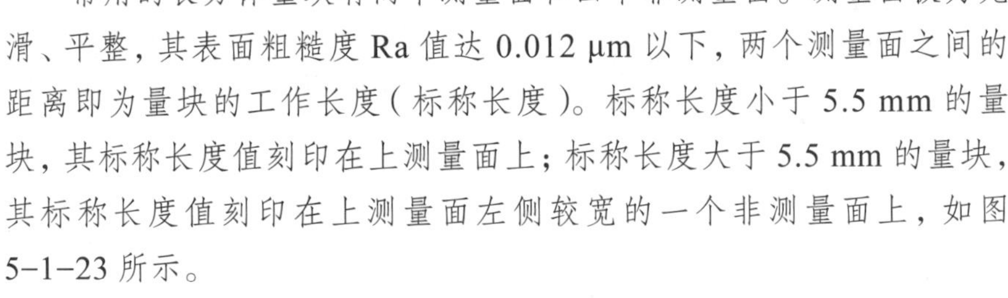

常用的长方体量块有两个测量面和四个非测量面。测量面极为光滑、平整，其表面粗糙度 Ra 值达 0.012 μm 以下，两个测量面之间的距离即为量块的工作长度（标称长度）。标称长度小于 5.5 mm 的量块，其标称长度值刻印在上测量面上；标称长度大于 5.5 mm 的量块，其标称长度值刻印在上测量面左侧较宽的一个非测量面上，如图 5-1-23 所示。

想一想

根据量块的特点，试分析量块的适用场合有哪些。

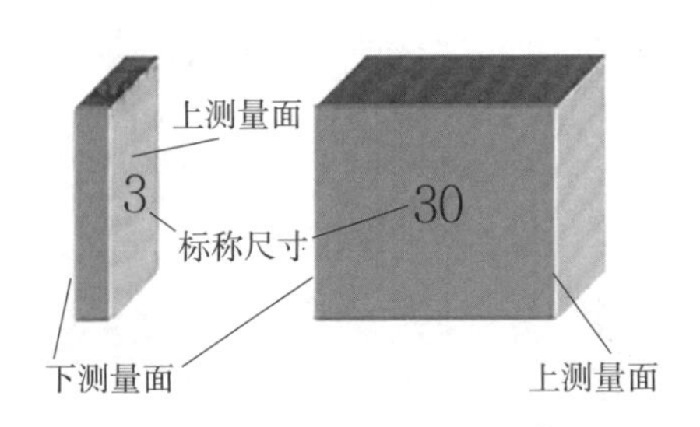

图 5-1-23　量块的标称长度

二、量块的规格

常用的成套量块有 91 块组、83 块组、46 块组、38 块组、20 块组、10 块组等，见表 5-1-8。量块推荐成套使用，其最小和最大标称长度分别为 0.5 mm 和 1 m。

表 5-1-8　量块的规格及精度表

套别 Set	套块数 Number of Blocks	级别 Grade	尺寸系列（mm）Standard Length Series	间隔（mm）Increment	块数 Pieces	备注 Note
1	91	K，0，1，2	0.5	–	1	国标 National standard
			1	–	1	
			1.001，1.002，…，1.009	0.001	9	
			1.01，1.02，…，1.49	0.01	49	
			1.5，1.6，…，1.9	0.1	5	
			2.0，2.5，…，9.5	0.5	16	
			10，20，…，100	10	10	
2	83	K，0，1，2	0.5	–	1	国标 National standard 国际标准 International standard
			1	–	1	
			1.005	–	1	
			1.01，1.02，…，1.49	0.01	49	
			1.5，1.6，…，1.9	0.1	5	
			2.0，2.5，…，9.5	0.5	16	
			10，20，…，100	10	10	
3	46	K，0，1，2	1	–	1	国标 National standard 国际标准 International standard
			1.001，1.002，…，1.009	0.001	9	
			1.01，1.02，…，1.09	0.01	9	
			1.1，1.2，…，1.9	0.1	9	
			2，3，…，9	1	8	
			10，20，…，100	10	10	
4	38	K，0，1，2	1	–	1	国标 National standard 国际标准 International standard
			1.005	–	1	
			1.01，1.02，…，1.09	0.01	9	
			1.1，1.2，…，1.9	0.1	9	
			2，3，…，9	1	8	
			10，20，…，100	10	10	

想一想

量块数量的多少和测量尺寸的精度有何关系？

三、量块的精度

1. 划分量块精度有两种规定：按级划分和按等划分。

2. 量块的级：以量块的标称长度为工作尺寸，该尺寸包含了量块的制造误差，它们将被引入测量结果中，由于不需要加修正值，故使用较方便。按制造精度分5级，即k、0、1、2、3级，其中k级精度最高，3级最低，k级为校准级，如表5-1-8所示。

3. 量块的等：量块按等使用时，不再以标称长度作为工作尺寸，而是用量块经检定后所给出的实测中心长度作为工作尺寸，该尺寸排除了量块的制造误差，仅包含检定时较小的测量误差。量块按其检定精度分为五等，即1、2、3、4、5等，其中1等精度最高，5等精度最低。

4. 就同一量块而言，检定时的测量误差要比制造误差小得多，所以量块按等使用时其精度比按级使用要高。

想一想

在使用过的量块中，哪些是以等来制造的，哪些是以级来制造的？

四、量块的研合

量块与量块之间具有良好的研合性，利用这种特性，可以把尺寸不同的量块组合成量块组，以提高利用率。研合量块一般不超过4块，数块量块相互研合后，不会因自重而脱落，如图5-1-24所示。

图5-1-24　量块的研合性

量块研合时，应以大尺寸量块为基体，将小尺寸量块顺次研合上去。常用的研合方法有以下两个：

方法一：将量块交叉，在重叠处加压力并旋转薄量块，直至与大量块外形对齐，如图5-1-25（a）所示。

方法二：将薄量块从一侧推进，并同时在重叠处加压力，直至与大量块外形对齐，如图5-1-25（b）所示。

想一想

量块为什么会有很好的研合性？其研合原理是什么？

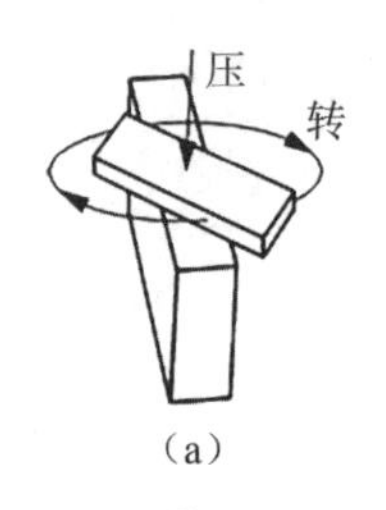

(a)

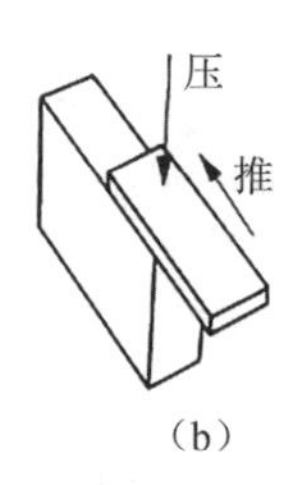

(b)

图5-1-25　量块的研合方法

注意事项

研合量块时压力点应在两量块重叠部位，切忌在薄量块悬空处施加压力，这样不仅会使薄量块翘起而无法研合，还会使量块变形。

五、量块的组合

为了减少量块的组合误差，应尽量减少量块的组合块数，一般不超过 4 块。选用量块时，应从所需组合尺寸的最后一位数开始，每选一块至少应减去所需尺寸的一位尾数，如图 5-1-26 所示，量块组合尺寸为 28.785 mm。

想一想

利用量块组合，能否量出零件的具体尺寸？为什么？

成套量块的尺寸（摘自 GB/T6093—2001）						量块组合方法
序	总块数	级别	尺寸系列 /mm	间隔 / mm	块数	
1	83	0，1，2	0.5 1 1.005 1.01，1.02，…，1.49 1.5，1.6，…，1.9 2.0，2.5，…，9.5 10，20，…，100	— — — 0.01 0.1 0.5 10	1 1 1 49 5 16 10	28.785　…量块组合尺寸 −1.005　…第一块量块尺寸 27.78 −1.28　…第二块量块尺寸 26.50 −6.5　…第三块量块尺寸 20　…第四块量块尺寸

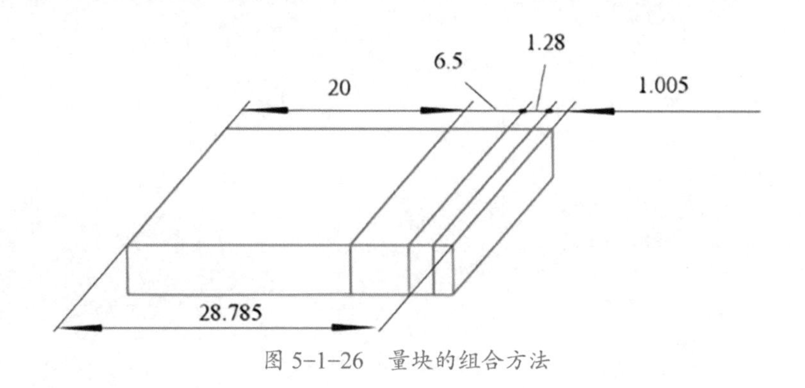

图 5-1-26　量块的组合方法

1. 请分别读出图 5-1-27、图 5-1-28 所示千分尺和游标卡尺的数值。

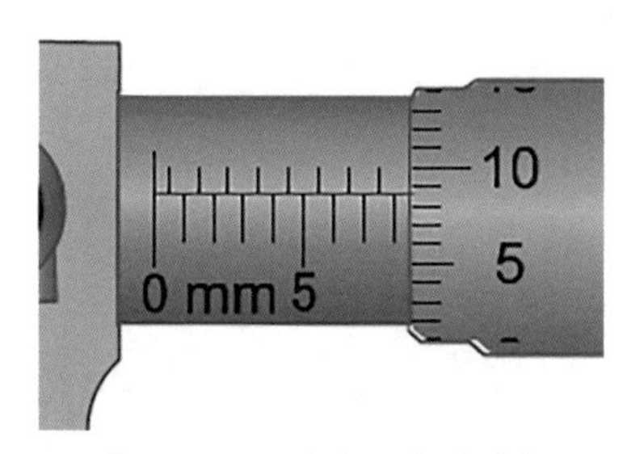

图 5-1-27　千分尺上的读数

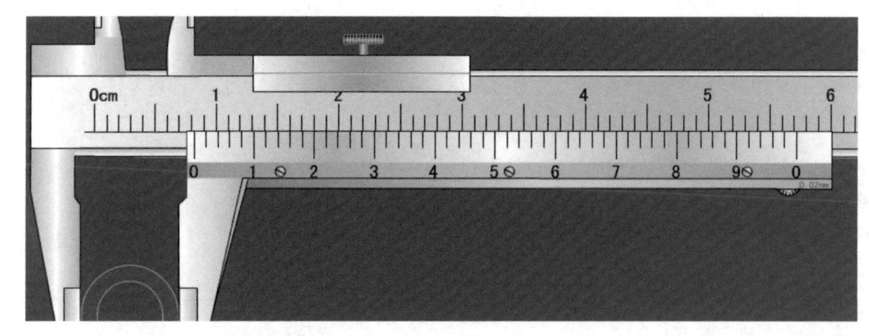

图 5-1-28　游标卡尺上的读数

想一想

能否用游标卡尺测量已知尺寸零件，从而练习控制操作游标卡尺的用力大小？如何选用已知尺寸零件？

2. 使用游标卡尺测量时，操作游标卡尺的用力大小对测量尺寸影响很大，如何有效控制操作游标卡尺的用力大小？

3. 技能训练：从 83 块一套的量块中选取尺寸为 36.745 mm 的量块组。

任务 2　测量内孔尺寸

学习目标

1. 能掌握内孔的测量方法。
2. 能根据内孔测量的精度要求选用合理的量具。
3. 能校正三爪内径千分尺。
4. 养成严谨细致、一丝不苟、精益求精的工匠精神以及规范使用量具的职业素养。

情景任务

在前一个任务中，通过测量零件外轮廓已经熟练掌握了常用量具的测量方法和注意事项，接着将通过对比测台中内孔 Ø23H7($^{+0.021}_{0}$)的测量，学习如何选用量具，如何进行实际测量，为以后的竞赛做好准备。

思路与方法

在日常工作中，加工内孔类零件有很多，其特点是通过机械加工后内孔尺寸往往会变大。判断内孔尺寸是否变大的简单方法是用游标卡尺内测量爪测量内孔尺寸。测量内孔尺寸的量具有很多，有游标卡尺、内测千分尺、内径量表、三点内径千分尺、塞规等。那么在竞赛过程中怎么才能做到又快又准确地测量内孔尺寸呢？

想一想

日常工作中有哪些内孔需要用精密量具进行测量？

一、测量内孔直径量具选择的原则是什么？

1. 根据技术性和经济性原则：量具的类型、规格选择要与零件外形、位置、尺寸、被测参数特征相适应（技术性）；同时，应注意量具精度过低会影响测量准确度，过高会增加成本，要做到既够用，又不必过高（经济性）。

2. 根据稳定性和可靠性原则：量具的类型、规格的选择，要尽可能降低对检验人员的技能要求和人为因素对测量结果的影响。

3. 根据快捷性原则：在竞赛的过程中为了确保学生在最短时间内测量出结果，选用数显量具可减少读数误差和读数时间。

4. 根据测量零件的实用性原则：通常测量仪器的最大允许误差为零件公差的 1/3～1/10。若被测零件属于测量设备，则必须选用其公差的 1/10；若被测零件为一般产品，则选用其公差的 1/3～1/5；若测量仪器条件不允许，也可为其公差的 1/2，但此时测量结果的精度就相应下降了。

二、测量内孔尺寸的量具有哪些?

1. 内测千分尺

想一想

内测千分尺校正时，没有校对环规怎么办?

内测千分尺分为机械式内测千分尺［见图 5–2–1（a）］和数显式内测千分尺［见图 5–2–1（b）］，主要用于测量内径及槽宽等尺寸，刻线方向与外径千分尺相反，测量范围有 5～30 mm 和 25～50 mm 等，每套尺配置校对环规（简称环规），用以校对内测千分尺，如图 5–2–1（a）所示。内测千分尺的使用难点在于其量爪是一个小圆柱，测量时量爪与工件的接触面小，很难测得最高点，容易产生测量误差。

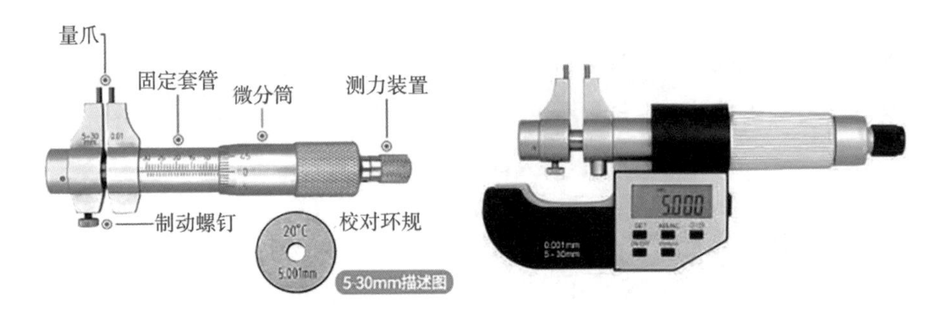

（a）机械式内测千分尺　　（b）数显式内测千分尺

图 5–2–1　内测千分尺

注意事项

使用内测千分尺时，一定要上下左右轻微摆动，使量爪与被测面完全接触，测量出的数据才正确。

内测千分尺的主要用途是测量孔径和槽宽等尺寸，如图 5–2–2 所示。

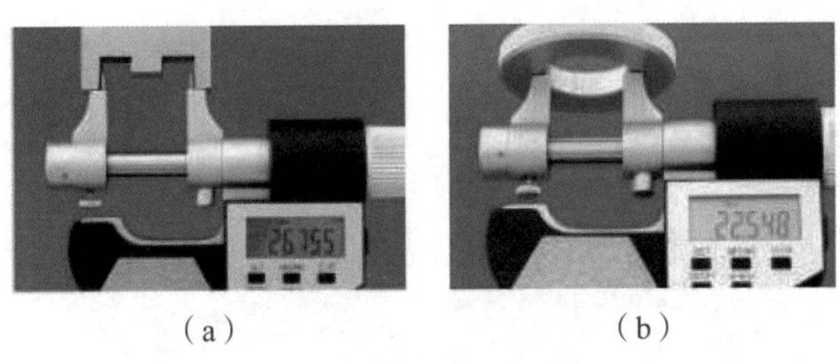

（a）　　（b）

图 5–2–2　用内测千分尺测槽宽和孔径

测量步骤：

（1）擦拭零件和内测千分尺量爪。

（2）用校对环规校准内测千分尺。

（3）将内测千分尺快速调至较待测量尺寸略小的数值。

（4）将量爪放入测量孔内，进行测量。

（5）当量爪接近工件表面时，应轻微摆动量爪，使其充分与测量面接触并保持垂直，量取最高点，读取读数。

注意事项

内测千分尺刻线方向与外径千分尺相反，读数原理和方法与外径千分尺一致。

2. 内径百分表

内径百分表（见图 5–2–3）由内径杠杆式测量杆和百分表组合而成，是将测头的直线位移转变为指针的角位移的计量器具，用比较测量法测量或检验零件的内孔直径、深孔及其形状精度，广泛应用于机械加工行业较高精度测量内孔尺寸的场合。

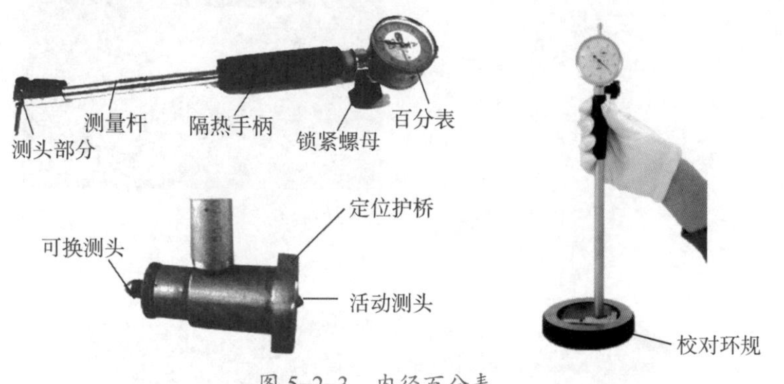

图 5–2–3　内径百分表

内径百分表活动测头的活动范围约为 1 mm，故测量孔的范围也为 1 mm，超出测量范围时要更换可换测头，重新校正，因此比较麻烦，不适合测量孔径频繁变化的内孔。其优势在于，它是由杠杆式测量杆和百分表组合而成，属于相对测量，测量速度快，百分表指针读数清晰，公差范围明了，适用于单一孔批量测量，广泛应用于企业的批量生产。

安装时，选择合适的可换测头，用游标卡尺测量可换测头和活动测头间最大尺寸大于实测尺寸 0.5 mm 左右并锁紧；安装百分表时，将测量头下压 1～2 mm，并调整表面方向，对准自己并锁紧，以便更快捷地读数。

想一想

在安装内径百分表上的百分表时，为什么要将测量头下压 1～2 mm?

想一想

用内径百分表测量时，指针在零位左侧，此孔是加公差还是减公差？

校正内径百分表时，用校对环规或外径千分尺（千分尺调整尺寸更灵活）作为校正基准，模拟实际测量手势，缓慢左右摆动手柄，找到百分表的最高点，转动百分表表盘，使得百分表最高点时指针处于“0”位，内径百分表校正完毕。

测量时，测量杆倾斜，活动测头先进入孔内并内压，测量杆慢慢摆直，使可换测头进入孔内，并继续摇摆，观察百分表的指针，到达最高点，记录数值，进行零点比较，即为该孔内径测量的正确读数。

3. 三爪内径千分尺

三爪内径千分尺是利用螺旋副原理，通过旋转塔形阿基米德螺旋体或移动锥体使三个测量爪作径向位移，使其与被测内孔接触，对内孔尺寸进行测量，三个测量爪的测量面应为圆弧形，并镶硬质合金或其他耐磨材料，不应有影响使用性能的锈蚀、碰伤、划痕、裂纹等缺陷，边缘应倒钝。

三爪内径千分尺又称为三爪千分尺或孔径千分尺，用于测量尺寸要求较高的圆柱孔直径，有机械式和数显式两种类型，如图 5–2–4、图 5–2–5 所示。

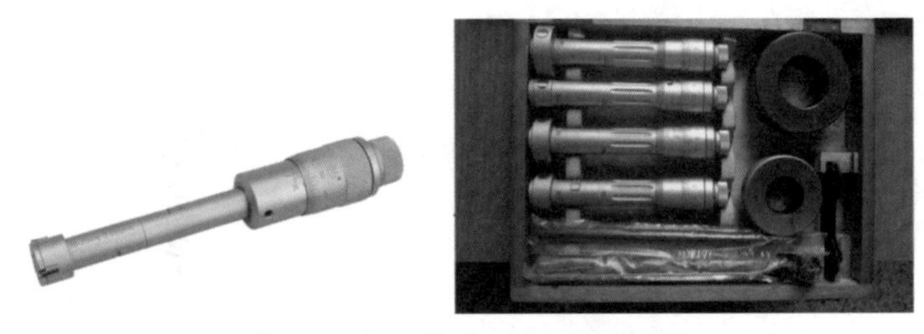

图 5–2–4　机械式三爪内径千分尺

图 5–2–5　数显式三爪内径千分尺

4. 内径千分尺

内径千分尺主要用于测量大孔径，由于受结构所限不能测量尺寸较小的孔径，被测孔径尺寸必须在 50 mm 以上。其外形结构如图 5–2–6 所示，主要由固定测头、活动测头、心杆等部件组成。由于需要接上一个长杆使用，所以又被称为接杆千分尺。内径千分尺的原理和读数方法与普通外径千分尺完全相同。

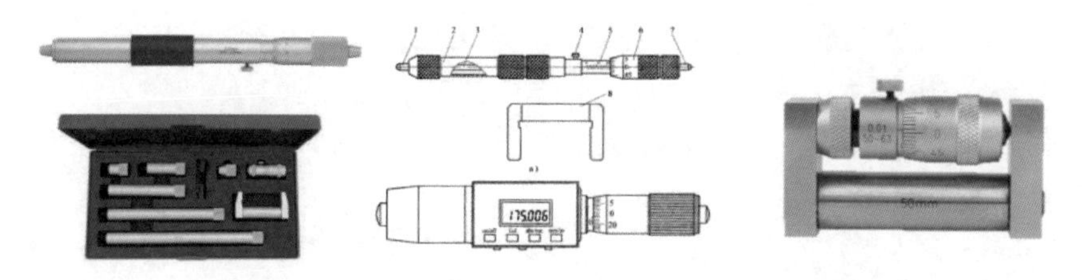

图 5-2-6　内径千分尺的外形结构

5. 光滑塞规

光滑塞规（见图 5-2-7）是用来测量工件内孔极限尺寸的精密量具。塞规一般是成对使用的，其中一端是通规，另一端是止规。

通规是根据孔的最小极限尺寸确定，止规是根据孔的最大极限尺寸确定。塞规只能判断零件的合格与否（同时满足通端进、止端不进，该尺寸合格），但不能确定零件的具体尺寸。

想一想

用光滑塞规测量铝件时应该注意什么？

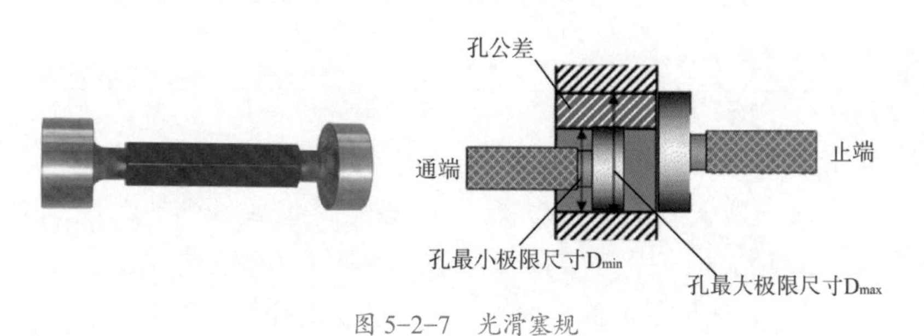

图 5-2-7　光滑塞规

注意事项

判断塞规通止端时，可通过厚度来快速判断，通端较厚，止端较薄。

三、为什么选用三爪内径千分尺测量内孔？

三爪内径千分尺属于直接测量，适用于测量中小直径的精密内孔，尤其适用于测量深孔的直径，三爪自定心，无须过多调整，测量方便，测量精度高。

图 5-2-8 所示是测量范围为 20～25 mm 的三爪内径千分尺，当顺时针旋转测力装置 6 时，就带动测量螺杆 3 旋转，并使它沿着螺纹轴套 4 的螺旋线方向移动，于是测量螺杆端部的方形圆锥螺纹就推动三个测量爪 1 作径向移动。扭簧 2 的弹力使测量爪紧紧地贴合在方形圆锥螺纹上，并随着测量螺杆的进退而伸缩。

三爪内径千分尺的方形圆锥螺纹的径向螺距为 0.25 mm，即当测力装置顺时针旋转一周时测量爪 1 就向外移动（半径方向）0.25 mm，三个测量爪组成的圆周直径就要增加 0.5 mm。微分筒旋转一周时，测量直径增大 0.5 mm，而微分筒的圆周上刻着 100 个等分格，所以它的读数值为 0.5 mm ÷ 100 = 0.005 mm。

想一想

内径百分表和三爪内径千分尺的优势在哪里？各适用何种场合？

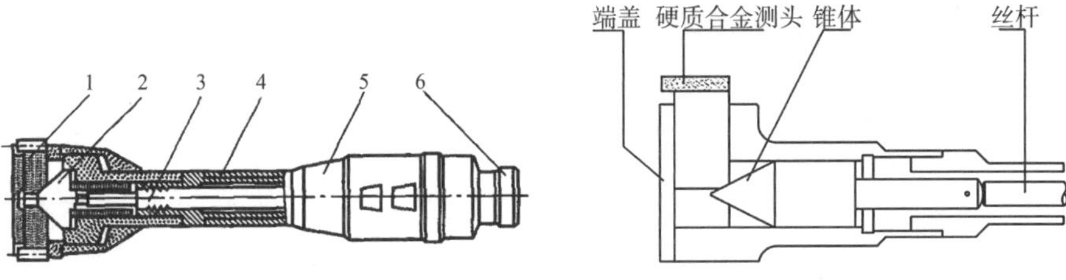

图 5-2-8　三爪内径千分尺工作原理

> **注意事项**
>
> 三爪内径千分尺分为盲孔式和通孔式，选择时注意区分。

四、如何选取测量点？

为了使得测量的结果更准确，应该在不同位置和不同方向多次测量，最终取平均值，这样获取的尺寸更加客观、准确，通过测量误差分析，可以得出内孔圆柱的圆度和圆柱度误差，如图 5-2-9 所示。

1. 在孔口以下大约 2 mm 处测量孔径。
2. 在内孔深度的中间处测量孔径。
3. 在底部上方大约 2 mm 处测量孔径。
4. 三爪内径千分尺旋转 90° 后再重复以上三步测量孔径。

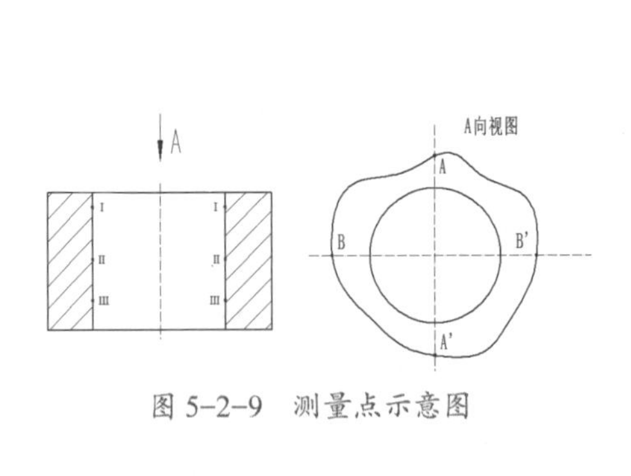

图 5-2-9　测量点示意图

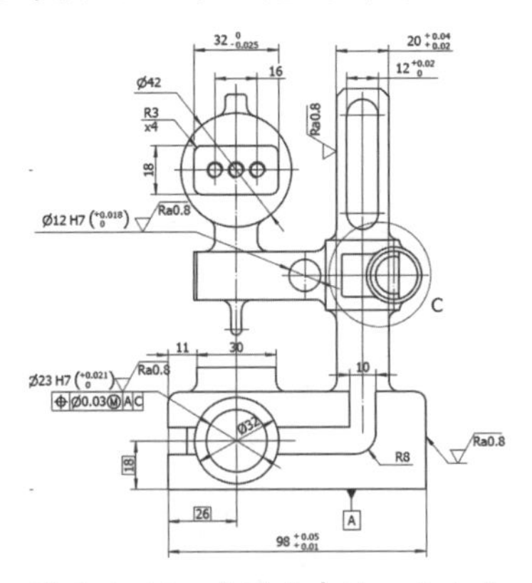

图 5-2-10　比测台中的一个内孔

选择合适的量具，用正确的方法测量比测台 Ø 23H7 ($^{+0.021}_{0}$)孔的直径尺寸，如图 5-2-10 所示。

1. 选择测量量具

根据被测对象的尺寸和表 5-2-1 所示的内径千分尺的测量范围来选择量具。被测零件尺寸Ø 23H7（$^{+0.021}_{0}$），基本尺寸为 23，选用 20 ~ 25 mm 三爪内径千分尺测量。

表 5-2-1　内径千分尺规格表

型式	测量范围 /mm
Ⅰ型	6 ~ 8，8 ~ 10，10 ~ 12，11 ~ 14，14 ~ 17，17 ~ 20，20 ~ 25，25 ~ 30，30 ~ 35，35 ~ 40，40 ~ 50，50 ~ 60，60 ~ 70，70 ~ 80，80 ~ 90，90 ~ 100
Ⅱ型	3.5 ~ 4.5，4.5 ~ 5.5，5.5 ~ 6.5，8 ~ 10，10 ~ 12，11 ~ 14，14 ~ 17，17 ~ 20，20 ~ 25，25 ~ 30，30 ~ 35，35 ~ 40，40 ~ 50，50 ~ 60，60 ~ 70，70 ~ 80，80 ~ 90，90 ~ 100，100 ~ 125，125 ~ 150，150 ~ 175，175 ~ 200，200 ~ 225，225 ~ 250，250 ~ 275，275 ~ 300

2. 擦净零件被测表面

（1）用气枪吹掉加工留下的铝屑和冷却液。

（2）用无尘布擦去测量面上任何灰尘、碎屑、污渍、指纹和其他碎片。

3. 校正三爪内径千分尺

三爪内径千分尺的测量下限不是零，无法校对“0”位，而是要将内径千分尺的校准读数和环规的数值保持一致，如图 5-2-11 所示。环规在外部环境为 20℃的时候，其读数为 25.002 mm，此时，经过校对，在同样外部环境中，内径千分尺的读数也应为 25.002 mm。

想一想

如果量具测量面没擦干净会出现什么结果？

想一想

为什么要在外部环境为 20℃时测量和校正量具？

注意事项

每一个环规的尺寸都不一致，校正时须特别小心。

图 5-2-11　用环规校正三爪内径千分尺

（1）用无尘布将环规内孔和被校对千分尺的三个测量爪擦干净。

（2）将千分尺的测量范围调到略小于环规内孔的尺寸，之后，将千分尺伸入环规的内孔中。

（3）旋动千分尺的测力装置，同时前后轻微摆动千分尺，消除间隙，使其三个卡爪的测量面与环规的孔壁紧密接触，当测力装置发出“咔、咔、咔”的声响后，即可读数（此时，三爪应与环规孔壁平行紧贴，不能晃动），读数方法同普通内径千分尺，如千分尺没有误差，此时的读数应与环规上所标记的读数一致。

注意事项

由于三爪内径千分尺没有锁紧装置，所以不能将千分尺退出后再读数，而是要在调整好后就读出数值。

4. 测量零件内孔尺寸

（1）先将校正好的三爪内径千分尺调至小于测量孔的尺寸，放入零件被测孔内，在零件的轴截面内旋动内径千分尺的测力装置，同时轻微晃动尺身，使其测量触头与测量面紧密接触，当测力装置发出“咔、咔、咔”（三声）的声响，记下数值。

注意事项

（1）被测工件内孔的表面粗糙度不应低于 Ra1.6μm，否则不允许使用。

（2）三爪内径千分尺的三个量爪接触工件后，不要拉动或大幅度摆动，以免擦伤量爪及被测表面。

想一想

用三爪内径千分尺测量零件时，半精加工和精加工结束后测量方式是否一致？

（2）取上、中、下三截面多次测量（每测量一个截面，将千分尺旋转30°），取平均值，以消除测量误差，如图 5-2-12 所示。记录下不同测量点的尺寸在表 5-2-2 中，为分析加工误差（圆度、圆柱度）提供依据。

图 5-2-12　测量孔径

表 5-2-2　用三爪内径千分尺测量内孔记录表

测量截面	测量方位	读数
Ⅰ—Ⅰ	A — A′	
	B — B′	

（续表）

测量截面	测量方位	读数
Ⅱ—Ⅱ	A—A′	
	B—B′	
Ⅲ—Ⅲ	A—A′	
	B—B′	
验收极限尺寸	上验收极限尺寸	
	下验收极限尺寸	
合格性判断		

依据世赛评分要求，本任务的评分标准如表 5-2-3 所示。

想一想

内径千分尺可否不校正而直接进行测量？

表 5-2-3　任务评价表

序号	评价项目	评分标准	分值	得分
1	Ø23H7（$^{+0.021}_{0}$）	与三坐标测量结果对比超差 ±0.005 mm 不得分	50	
2	测量 Ø16H7 内孔选用什么规格的量具	选错不得分	10	
3	是否校正量具	使用环规校正得分，没校正不得分	10	
4	测量手势是否正确	一处不正确扣 2 分，扣完为止	10	
5	工、量具的摆放	一把摆放不整齐扣 2 分，扣完为止	10	
6	量具的保养	一把量具没保养扣 2 分，扣完为止	10	

测量螺纹孔

一、螺纹测量标准

世赛螺纹测量标准如表 5-2-4 所示。

想一想

为什么比赛场地要提供螺纹塞规而不是选手自带?

表 5-2-4　螺纹检测标准

内容	检测标准
检具	使用赛场统一提供的螺纹塞规（见图 5-2-13）或螺纹环规（见图 5-2-14）加数显卡尺作为标准检具对螺纹进行测量
判定	止规（环）旋入不大于 1 圈且通规（环）旋入规定范围深度（长度）为合格 止规（环）旋入大于等于 1 圈为不合格，通规（环）旋入不到或超过规定深度（长度）为不合格
	对同一区域、同一规格的一个或若干个螺纹测量评判时，任意一个螺纹未加工、通规（环）不过、止规（环）不止、有效旋合长度不合格的即视为该全部螺纹不合格（包括丝锥折断在孔内）

二、测量量具

螺纹测量量具一般有螺纹塞规和螺纹环规两种。

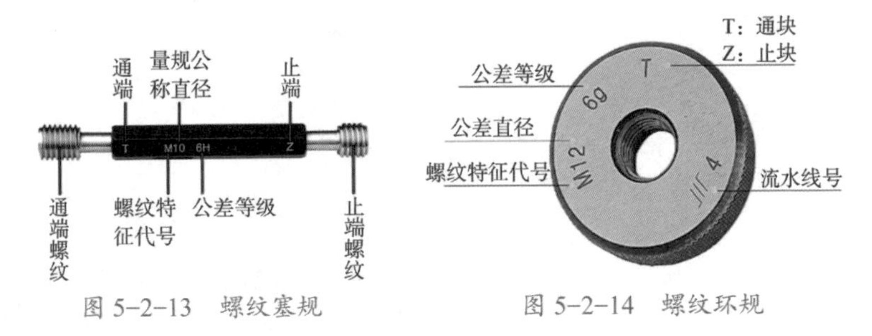

图 5-2-13　螺纹塞规　　　　图 5-2-14　螺纹环规

三、测量螺纹

判断螺纹是否合格的方法如图 5-2-15 所示。螺纹较长的零件，在塞规旋拧过程中应注意把握塞规与工件螺纹全长各部位在轴向和径向方向上的松紧情况。当塞规与螺纹某一部位或末端（止端螺纹塞规检验不到的部位）存在较大间隙时，可能是此段螺纹不合格，必要时可采用抽取工件进行解剖来检验螺纹中径、外径是否合格。

检验时，手握螺纹塞规，不论被测件螺纹处于何种位置（垂直、水平、倾斜），都应使塞规轴线与工件螺纹轴心线一致（见图 5-2-16）。不应歪斜，旋拧时用力应适度，不应过大；止端环规不应旋进在外螺

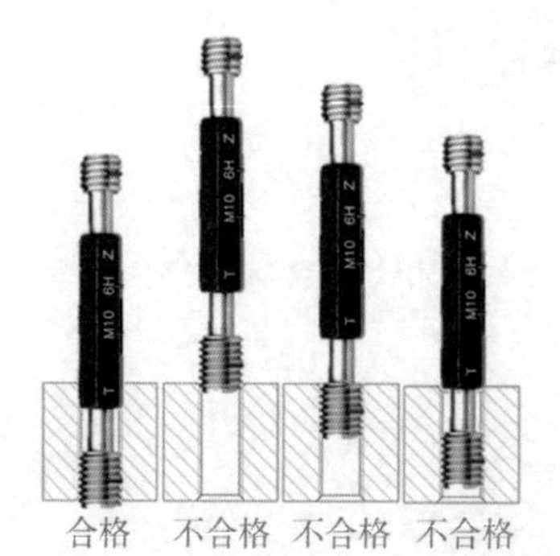

图 5-2-15　检测螺纹是否合格的标准

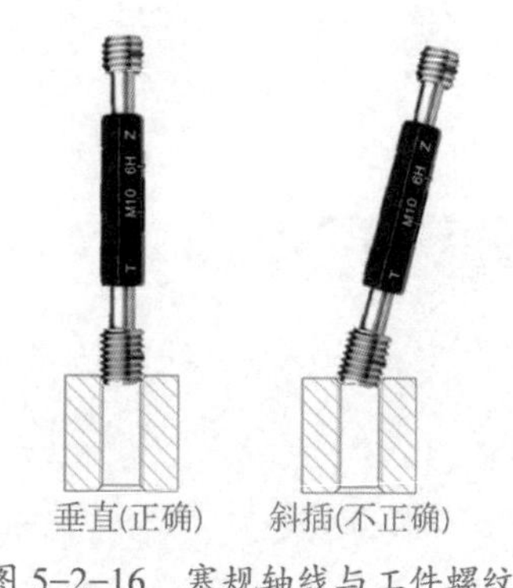

图 5-2-16　塞规轴线与工件螺纹轴心线一致

想一想

在使用螺纹规测量时，经常会发现螺纹规通端拧进去很紧，导致拧不出来。其原因是什么？使用螺纹规的注意事项有哪些？

纹工件上，一般允许旋入量不应大于 2 扣（剖切面上 2 齿，简单理解就是 2 圈）。

思考与练习

1. 查阅资料，了解常用材料中热膨胀系数和环境温度对测量误差的影响。简述加工过程中应如何避免环境温度所带来的测量误差。

2. 怎样测量螺纹的有效深度？

3. 技能训练：测量内孔 $Ø3^{+0.02}_{0}$ 的尺寸。

任务3　测量深度尺寸

1. 能掌握百分表的结构和原理。
2. 能熟练使用深度千分尺、百分表等量具测量深度尺寸。
3. 能分析产生深度测量尺寸误差的因素。
4. 养成严谨细致、一丝不苟、精益求精的工匠精神以及规范摆放量具的职业素养。

在前一个任务中，通过测量内孔直径已经熟练掌握了三爪内径千分尺的测量方法和注意事项，接着将根据零件图的要求，分析深度尺寸该选用什么量具进行测量。

世赛数控铣项目零件深度尺寸一般是指零件的轴向尺寸。测量深度尺寸的量具和方法很多，常见的量具有深度游标卡尺、深度百分尺、百分表等，测量的方法有直接测量和间接测量。那么在竞赛过程中怎么选择才能做到又快又准确地测量轮廓的深度尺寸？

一、深度尺寸的概念及其测量方法是什么？

深度尺寸一般是指同向的尺寸，用游标卡尺的外爪和内爪均无法测量，必须借助某一基准进行测量。在数控铣项目中，深度尺寸指的是零件的轴向尺寸。其测量分为直接测量和间接测量。直接测量是指通过量具一次测量可直接读出该深度尺寸；间接测量是指通过量具两次（或多次）测量，进行计算才能得出该深度尺寸。一般情况下，直接测量的精度要高于间接测量的精度，所以首选直接测量，需要根据零件深度尺寸的标注来选择合适的量具及测量方法。

想一想

找出图 1-1-1 中的深度尺寸，并判断是否能直接测量，为什么？

二、测量深度的量具有哪些？

1. 深度游标卡尺

深度游标卡尺如图 5–3–1 所示，用于测量零件的深度尺寸或台阶高低和槽的深度。它的结构特点是尺框的两个量爪连在一起成为一个带游标的测量基座，基座的端面和尺身的端面就是两个测量面。如测量内孔深度时应把基座端面紧靠在被测孔的端面上，使尺身与被测孔的中心线平行，将深度游标卡尺尺身放入被测工件内，尺身端面至基座端面之间的距离就是被测零件的深度尺寸。它的读数方法和游标卡尺完全一样。

想一想

测量深度时，除了深度游标卡尺，能否使用我们之前学过的量具进行测量？

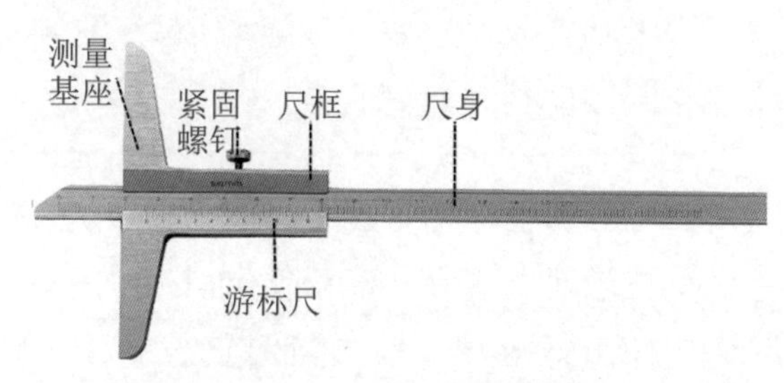

图 5–3–1　深度游标卡尺

测量时，先把测量基座轻轻压在工件的基准面上，两个端面必须接触工件的基准面，如图 5–3–2（a）所示。测量台阶时，测量基座的端面一定要压紧在基准面，如图 5–3–2（b）所示，再移动尺身，直到尺身的端面接触到工件的测量面（台阶面）上，然后用紧固螺钉固定尺框，提起卡尺，读出深度尺寸。当基准面是曲面时，测量基座的端面必须放在曲面的最高点上，测量出的深度尺寸才是工件的实际尺寸，否则会出现测量误差，如图 5–3–2（c）所示。

想一想

多台阶小直径的内孔深度测量，要注意尺身的端面是否在被测量的台阶上，如图 5–3–2（d）所示，可以怎么操作？

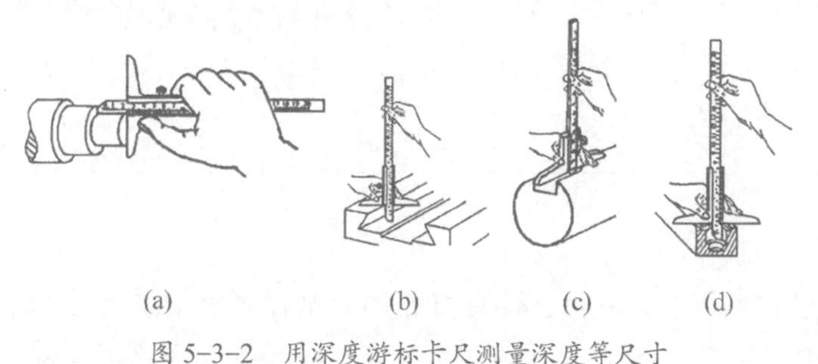

(a)　(b)　(c)　(d)

图 5–3–2　用深度游标卡尺测量深度等尺寸

2. 深度千分尺

深度千分尺如图 5–3–3 所示，用以测量孔深、槽深和台阶高度等。它的结构，除用基座代替尺架和测砧外，与外径千分尺没有区别。

深度千分尺的读数范围（mm）：0～25，25～100，100～150。最小分度读数值（mm）为 0.01，由于还能再估读一位，可读到毫米的千分位，故名深度千分尺。

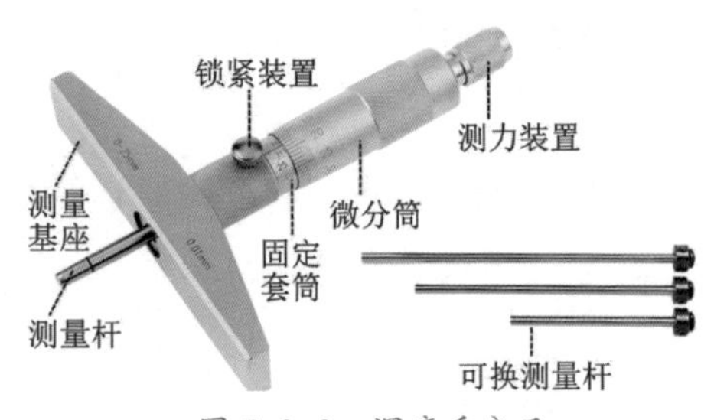

图 5-3-3　深度千分尺

注意事项

深度千分尺的测量杆制成可更换的形式，更换后，要用锁紧装置装新换上的测量杆锁紧。

深度千分尺校正零位可在精密平面（大理石台面）上进行。即当基座端面与测量杆端面位于同一平面时，微分筒的零线正好对准。当更换测量杆时，一般零位不会改变。用深度千分尺测量孔深时，应把基座的测量面紧贴在被测孔的端面上。零件的这一端面应与孔的中心线垂直，且应当光洁平整，使深度千分尺的测量杆与被测孔的中心线平行，保证测量精度。此时，测量杆端面到基座端面的距离就是孔的深度，如图 5-3-4 所示。

图 5-3-4　用深度千分尺测量深度等尺寸

想一想

深度千分尺校正零位时，没有精密平板该如何校准？

注意事项

深度千分尺测量内孔台阶深度时，测量杆不要紧贴零件内壁，要考虑到台阶底部有刀尖圆弧半径（不是清角），测量会有误差。

3. 百分表

在生产实践中，经常会碰到内孔和轮廓深度都有公差要求，并且公差值较小。如采用通用深度量具（如深度千分尺、卡尺等）和长度量具（如游标卡尺）来检测孔深和轮廓深度，测量和读数都很不方便，测量精度也难以保证。采用深度（或长度）极限量规检测，则只能实现定性测量（判定是否合格），不能根据检测数据指导加工。此时，可以选择用百分表（见图 5-3-5）来测量工件深度，其特点是读数准确、观察方便、精确度高。

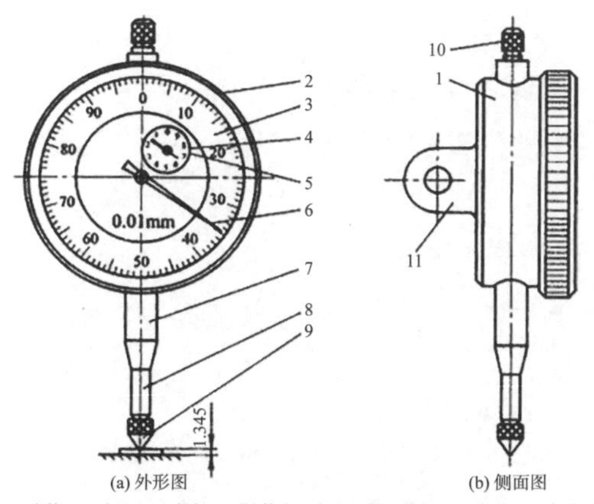

1. 表体　2. 表面　3. 表盘　4. 转数指示盘　5. 转速指针　6. 指针　7. 套筒
8. 测量杆　9. 测量头　10. 挡帽　11. 耳环（有的品种无此部件）

图 5-3-5　百分表的外形结构

想一想

百分表大指针向左摆是正还是负？

（1）读数方法

百分表中有大小两个指示盘，大指示盘有 100 条等分刻度线，小指示盘则有 10 条等分刻度线，分别用大小两根指针来指示读数。大小指针都与测量杆相连。测量杆每移动 1 mm，小指针移动 1 个刻度，每个刻度为 1 mm，而大盘指针则旋转 1 圈，移动 100 个刻度，每个刻度值为 0.01 mm。测量所得数值为小盘指示值和大盘指示值之和。

如：小盘指针指在 1 和 2 之间，大盘指针转过 56 格，则测量所得读数为 1.56 mm。

（2）百分表的测量方法

① 绝对测量法

以基准平面为基点，测量物体的实际尺寸，从刻度盘上直接读取测量值，如图 5-3-6 所示。

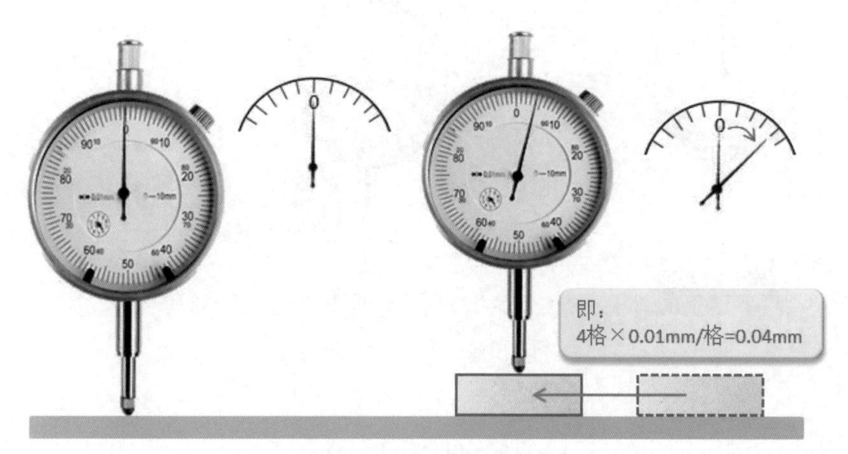

图 5-3-6　绝对测量法

想一想

如图 5-3-7 所示，百分表大指针在零位右面，测量出零件的尺寸公差是偏大还是偏小?

② 相对测量法

当被测工件大于百分表量程时，可借助尺寸与被测零件相仿的量块作为相对基准，以弥补百分表量程不足的缺点，测量时会出现以下两种情况：

情况一：被测工件大于量块尺寸。

将量块放入测量头下端，设定为基准刻度“A”，再将被测物放入测量头下端读取数值为“B”，测量值 C = A + B，如图 5-3-7 所示。

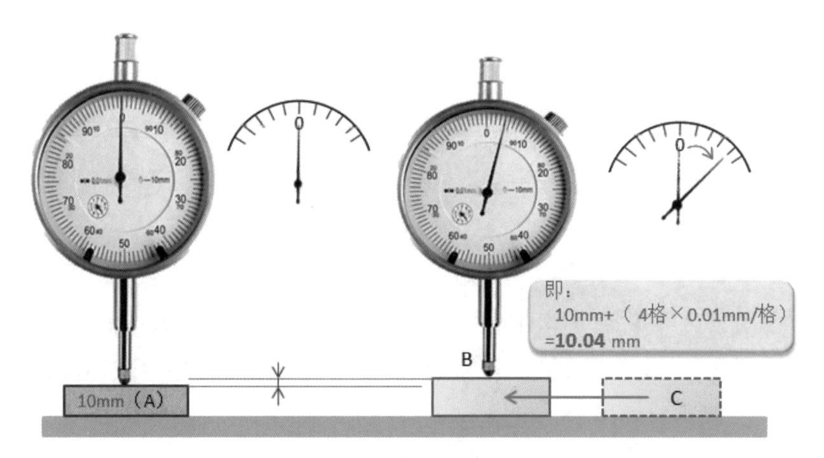

图 5-3-7 相对测量法一

情况二：被测工件小于量块尺寸。

将已知尺寸的基准规放入测量头下端，设定为基准刻度“A”，再将被测物放入测量头下端读取数值为“B”，测量值 C= A − B，如图 5-3-8 所示。

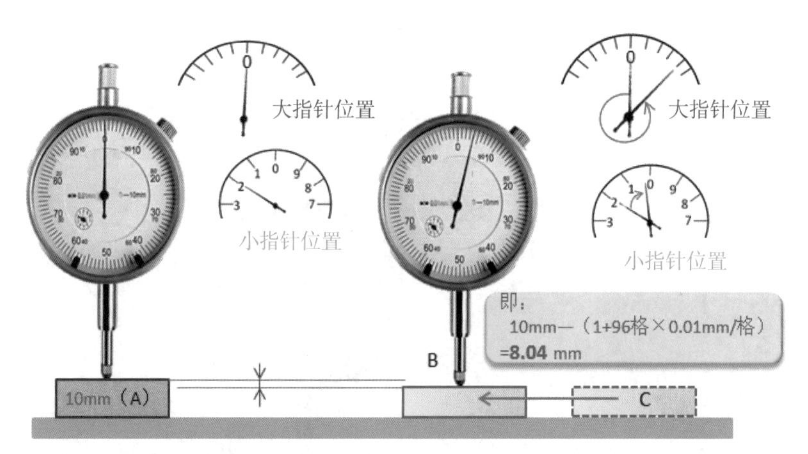

图 5-3-8 相对测量法二

注意事项

百分表满足测量行程时，尽可能选择较小的压表量（小指针读数小一点），避免长时间压紧弹簧，造成百分表损坏以及测量力过大对工件表面造成测量痕迹。

三、如何选取测深度的测量点？

为了使测量的结果更准确，应该在不同位置多次测量，最终取平均值，这样获取的尺寸更加客观、准确。用此方法，通过计算还可以得出平行度误差。

想一想

如何用百分表借助数控机床进行深度检测？

比测台中的深度尺寸有$7^{+0.03}_{+0.01}$、$22^{+0.02}_{0}$、$10^{+0.04}_{0}$、$16^{+0.02}_{0}$等，下面以测量$10^{+0.04}_{0}$为例介绍测量步骤，如图 5–3–9 所示。

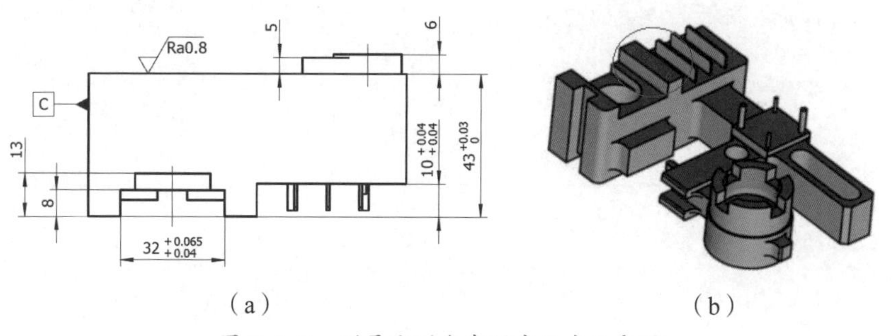

（a）　　（b）

图 5–3–9　测量比测台中深度尺寸示意图

1. 选择计量器具

被测零件深度尺寸为$10^{+0.04}_{0}$，由于在线加工，可以利用机床光栅的精度，所以选择百分表测量此深度比较合理。

2. 擦净量具测量面及工件被测表面

（1）用气枪吹掉加工留下的铝屑和冷却液。

（2）用无尘布擦去测量面上任何灰尘、碎屑、污渍、指纹和其他碎片。

3. 调整量具的示值零位

（1）检查百分表的指针是否转动灵活：在测量杆处于自由状态时，指针应位于“0”位反时针方向 30° ~90° 的位置上，如图 5–3–10（a）所示。

想一想

零件从机床上取下后，应该选择什么量具和方法来测量该零件的深度尺寸?

（2）检查百分表的稳定性：用两个手指捏住测量杆上端的挡帽，轻轻提拉 1～2 mm 数次，观察每次提拉表针是否都能回到原位（即测量杆处于自由状态时，指针所在的位置），如图 5–3–10（b）所示。

（3）检查百分表指针和转速指针的关系：对具有转速指针的百分表，当转速指针指示在整转数时，指针偏离“0”位应不大于 15 个刻度，如图 5–3–10（c）所示。

（4）检查百分表测量杆的行程：测量范围为 0～3 mm 的百分表，测量杆的行程至少应超过工作行程终点 0.3 mm，如图 5–3–10（d）所示。

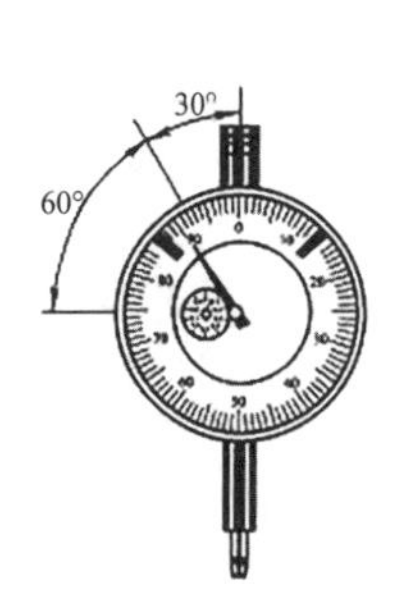

（a）检查百分表的指针是否转动灵活和在规定的位置范围内

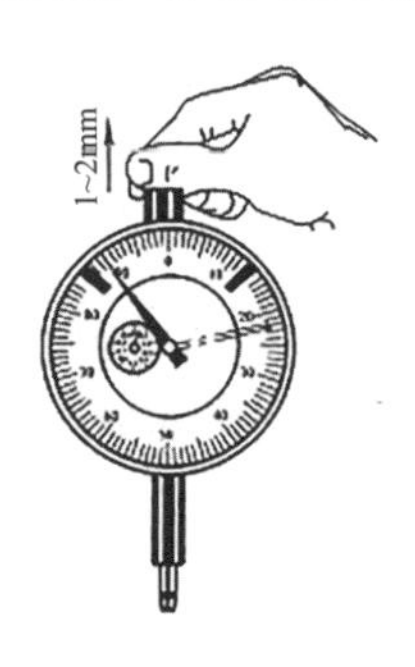

（b）检查百分表的稳定性

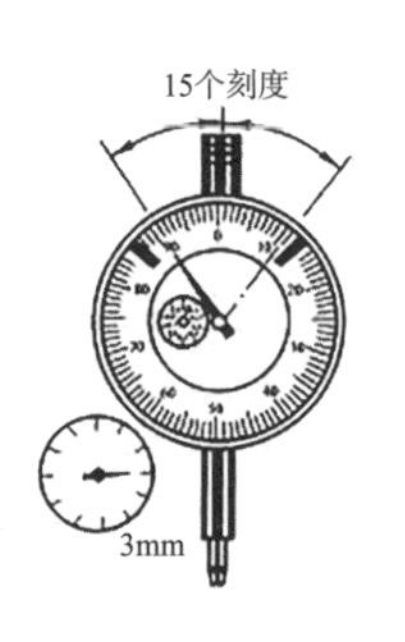

（c）检查百分表指针和转速指针的关系

（d）检查百分表测量杆的行程

图 5–3–10　检查百分表的四个项目

注意事项

调整百分表测量头的预压力，即将测量头压到被测面上之后，表针顺时针转动半圈至一圈左右（相当于测量杆有 0.3～1 mm 的压缩量，称为“预压量”），如图 5–3–11 所示。在比较测量时，如果有负向偏差，预压量还要增大些，否则，负偏差有可能测不出来。

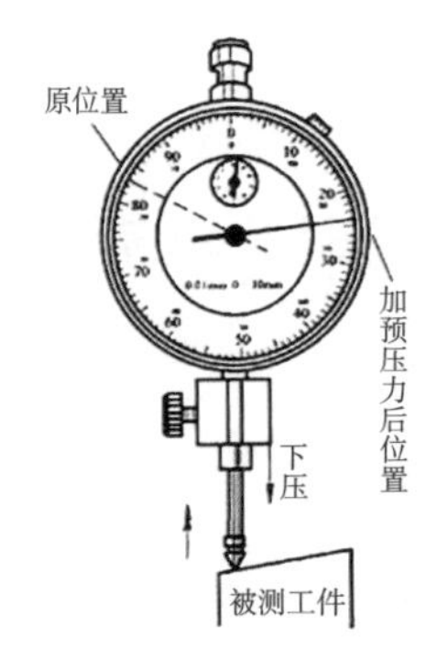

（a）施加适当的测量力

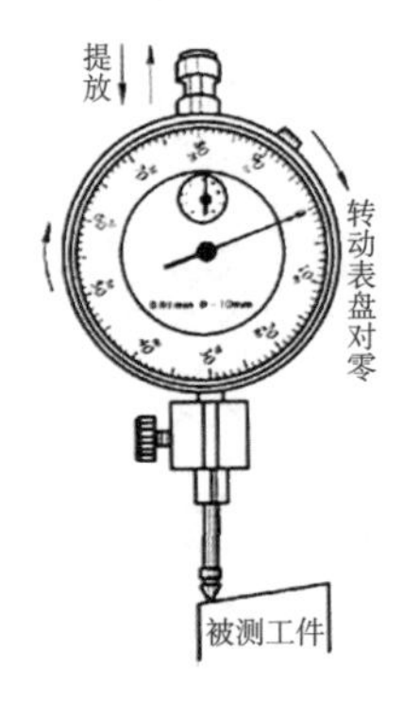

（b）转动表盘使指针对零

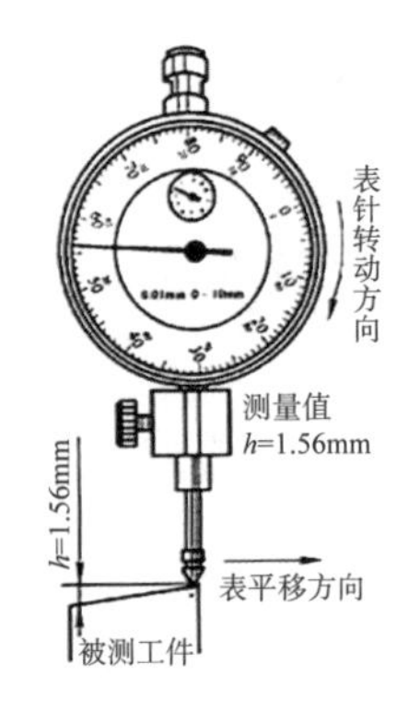

（c）读数方法实例

图 5–3–11　百分表的调整

4. 测量零件深度

> **想一想**
>
> 可否不调整百分表零位而直接进行测量？

（1）先将表座吸在主轴上，百分表活动测头垂直接触工件。

（2）调整零位：先提起测量杆使测头与基准表面接触，并使指针转过半圈至一圈，然后把表紧固住，再把测量杆提起 1 ~ 2 mm，然后轻轻放下，这样反复 2 ~ 3 次，看百分表的稳定性，如果稳定性合格（正负偏差 1 格以内），就转动表盘，使其“0”刻度线与指针重合，再提起测量杆使其自行落下，检查指针是否仍与“0”刻度线重合。如果重合，则说明已调好“0”位，否则就要再转动表盘调“0”，如图 5–3–12（a）所示。

（a）调零

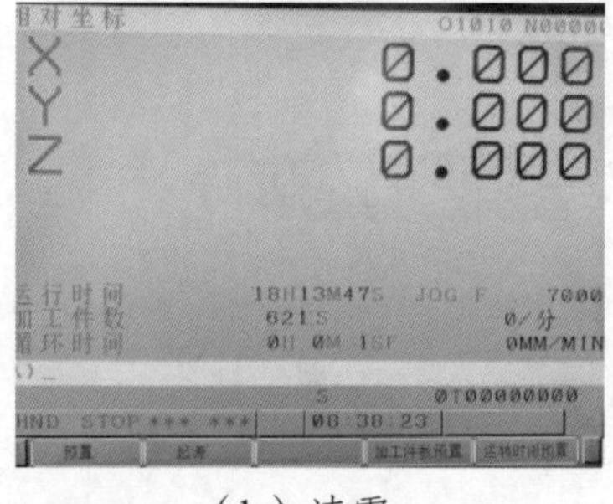

（b）清零

图 5–3–12　测量上表面

（3）显示器上 Z 轴数字清零，如图 5–3–12（b）所示，X 向移动到空当处。

（4）Z 轴往下移动，使得百分表接触零件，刻度还是在零位。

（5）记录下显示器上的数字，这个数字就是零件的深度，如图 5–3–13 所示。

（6）多次改变位置测量，并把测量数值记录在表 5–3–1 中。

> **想一想**
>
> Z 轴往下移动的过程中多移动了一段距离，可以直接退回到“0”位吗？

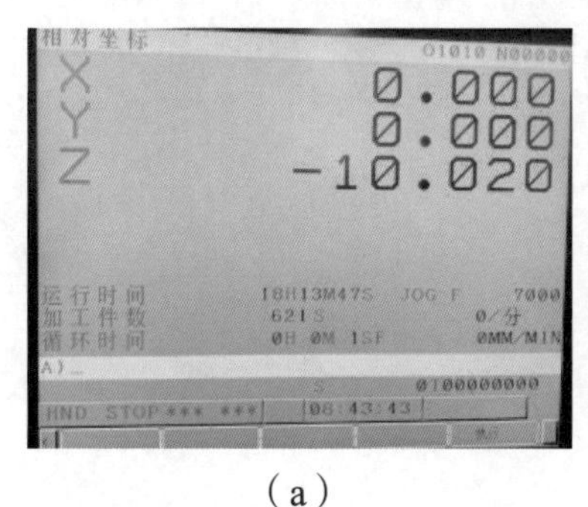

（a）

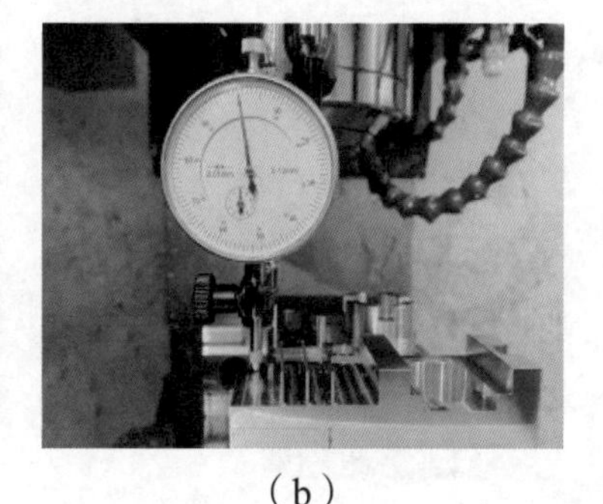

（b）

图 5–3–13　测量下表面

注意事项

测量完深度后轻轻拿下百分表，不做任何调整，并放到固定的地方，以便后面再次测量。

表 5-3-1　深度测量数据记录表

测量方位	量仪读数	工件实际尺寸
A		
B		
C		
D		
上验收极限尺寸		
下验收极限尺寸		

想一想

如果手工检测测量出的数据相较于三坐标的测量结果，普遍都存在0.01mm的差距，试分析误差产生的原因。

依据世赛评分要求，本任务的评分标准如表 5-3-2 所示。

表 5-3-2　任务评价表

序号	评价项目	评分标准	分值	得分
1	$10^{+0.04}_{0}$	与三坐标测量结果对比超差 ±0.005 mm 不得分	20	
2	$7^{+0.03}_{+0.01}$	与三坐标测量结果对比超差 ±0.005 mm 不得分	20	
3	$22^{+0.02}_{0}$	与三坐标测量结果对比超差 ±0.005 mm 不得分	20	
4	$16^{+0.02}_{0}$	与三坐标测量结果对比超差 ±0.005 mm 不得分	20	
5	工、量具的摆放	一把摆放不整齐扣 2 分，扣完为止	10	
6	量具的保养	一把量具没保养扣 2 分，扣完为止	10	

测量螺纹孔的深度

一、螺纹深度测量标准

螺纹深度测量标准如表 5-3-3 所示。

表 5-3-3　世赛螺纹测量标准

内容	检测标准
检具	使用赛场统一提供的螺纹塞规或螺纹环规加数显卡尺作为标准检具对螺纹有效深度进行测量
判定	螺纹深度（或长度）± 1.5

想一想

如果测量出螺纹深度有微小误差，可否在磨耗栏里设置 Z 方向偏移的方法进行修正？

二、测量螺纹深度

1. 校验数显卡尺，对零，如图 5-3-14 所示。

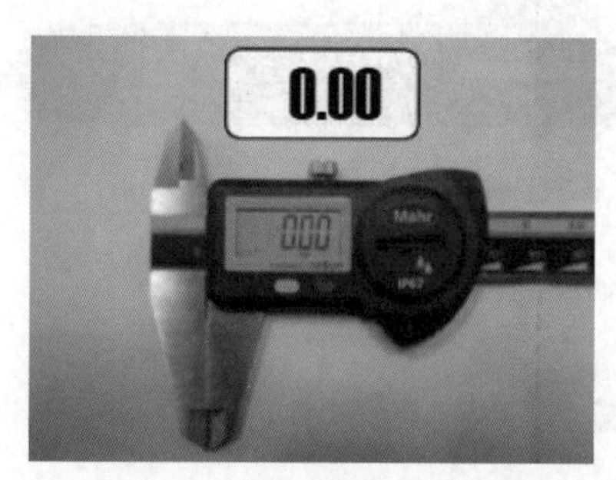

图 5-3-14　数显卡尺对零

2. 用数显卡尺测量螺纹规通规的有效长度，并对显示数值进行调零，如图 5-3-15 所示。

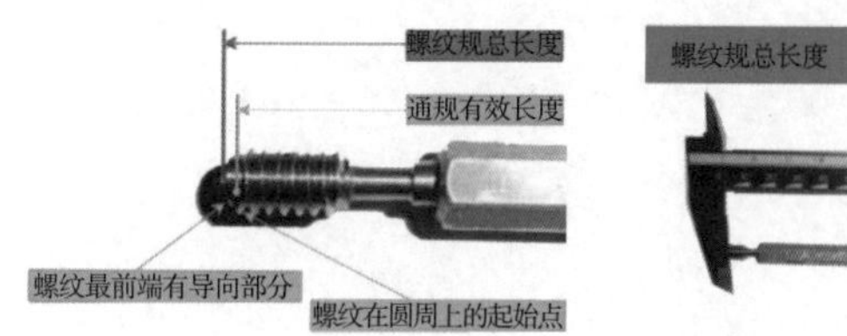

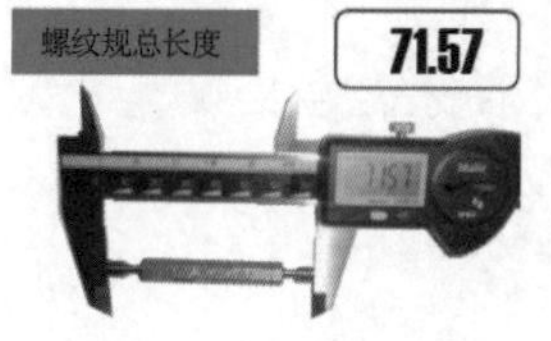

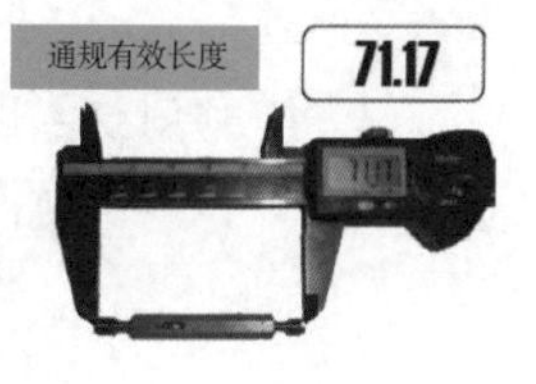

图 5-3-15　测量螺纹规通规的有效长度

想一想

当内螺纹在大台阶内部时（游标卡尺尺身宽度不够，基准碰不到螺纹塞规端面），该如何测量螺纹有效深度？

3. 把螺纹规的通端旋入工件的螺纹孔内，一直旋到螺纹孔的底部，直到旋不动为止；用调零的数显卡尺的后端副尺对露在工件外面的螺纹规的高度进行测量，如图 5-3-16 所示，测得的数值与螺纹规通规的有效长度之差的绝对值就是该工件螺纹的有效深度尺寸。

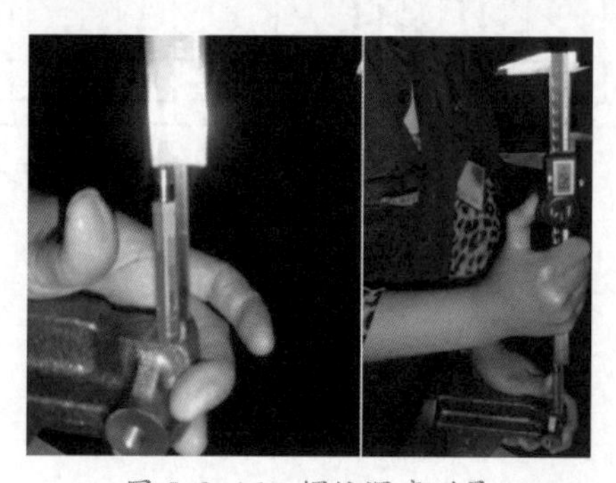

图 5-3-16　螺纹深度测量

三、直接测量螺纹深度

用螺纹深度规直接测量，测量精度高。但此量具结构相对复杂，价格较高，检测成本高，如图 5-3-17 所示。

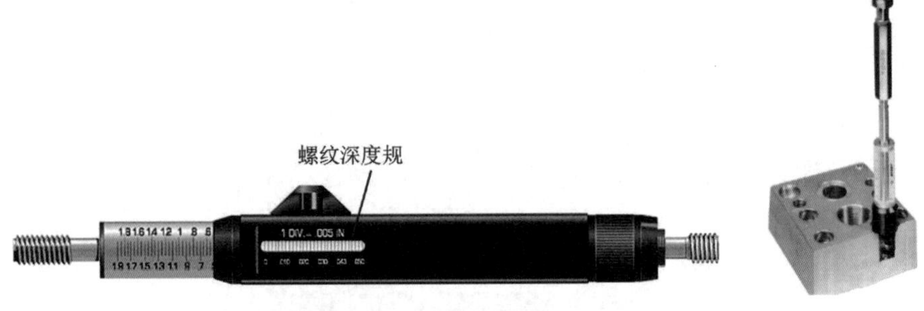

图 5-3-17 直接测量螺纹深度

想一想

此零件从机床上取下后，该深度尺寸是否还能用直接测量法进行测量？为什么？

1. 用百分表测量零件深度时，怎样排除机床反向间隙所产生的误差？

2. 比赛时，在没有检测平台的情况下，怎么校对深度千分尺的零位？

3. 技能训练：用百分表在线测量比测台 M30×1.5－6H 的内孔深度的$16^{+0.02}_{0}$尺寸，如图 5-3-18 所示。

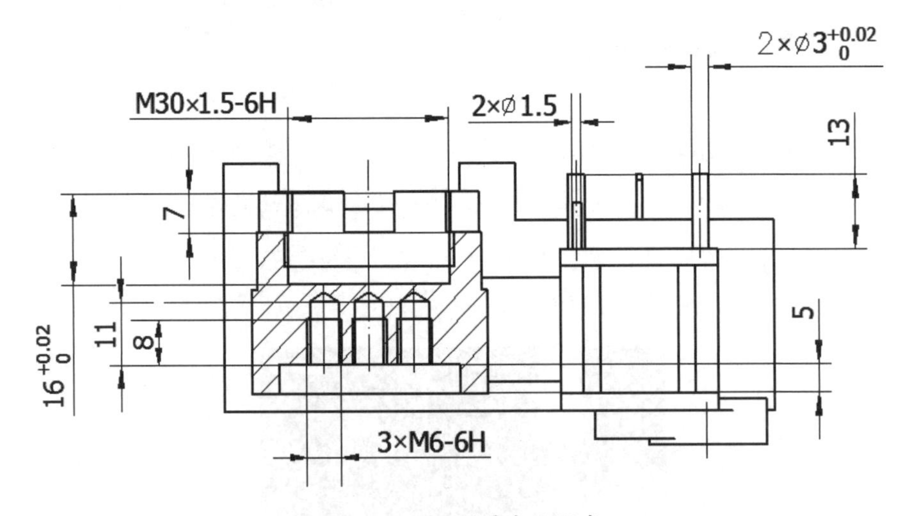

图 5-3-18 测量内孔深度

任务4　测量表面粗糙度

学习目标

1. 能掌握零件表面粗糙度的测量方法。
2. 会用对比法目测零件表面粗糙度。
3. 能正确使用便携式粗糙度仪来测量零件的表面粗糙度。
4. 能根据不同的加工手段来选择表面粗糙度的判定标准。
5. 养成严谨细致、一丝不苟、精益求精的工匠精神以及认真仔细的工作态度。

情景任务

在前一个任务中，通过深度测量已经熟练掌握了常用量具、百分表的测量方法和注意事项，接着将学习零件表面粗糙度的测量方法。通过对比测台零件表面粗糙度的测量，学会测量工具的选择，掌握正确测量表面粗糙度的方法。

思路与方法

表面粗糙度是一个微观要素，在机床加工过程中，无法用通用量具来测得客观数据，只能用表面粗糙度比较样块（简称样块）根据视觉和触觉与被测表面比较，判断被测表面粗糙度相当于哪一数值。用此方法不能得到有效数据，没有说服力，但可以经过反复练习比对，得到接近真实值的数据。加工完成，取下工件后，可借助各种仪器测得表面粗糙度客观真实的数据。测量表面粗糙度的量具有比较样块、便携式粗糙度仪、表面粗糙度轮廓仪、显微镜等。那么在竞赛过程中怎么做到又快又准确地测量工件的表面粗糙度呢？

想一想

为什么在加工过程中不能使用各种仪器检测零件的表面粗糙度？

一、什么是表面粗糙度？

零件在机械加工过程中，由于切削时金属表面的塑性变形和机床振

想一想

表面粗糙度有哪几种表达方式？

动以及刀具在加工表面上留下的刀痕等因素的影响，使零件的各个表面不管加工得多么光滑，在显微镜下观察，都可以看到峰谷高低不平的情况，如图 5-4-1 所示，这就是零件表面粗糙度。应选择合适的量具，准确测量出平面的表面粗糙度，为加工参数的修改提供可靠的依据。

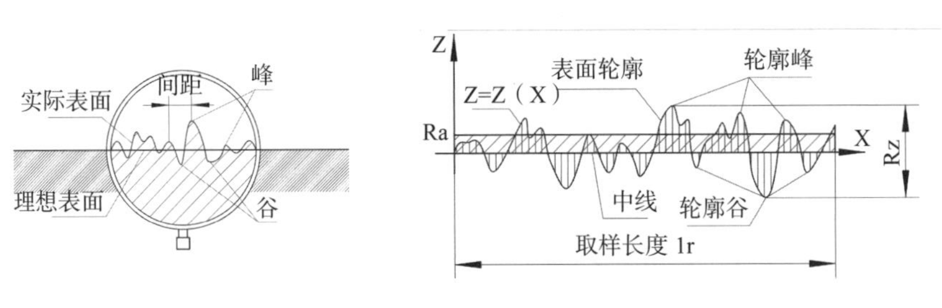

图 5-4-1　零件表面粗糙度

二、为什么要测量表面粗糙度？

因为表面粗糙度对机械产品性能有着重要影响，主要表现在以下几个方面：

1. 影响耐磨性。表面越粗糙，配合表面间的有效接触面积越小，压强越大，摩擦阻力越大，磨损就越快。

2. 影响配合的稳定性。对间隙配合来说，表面越粗糙，就越易磨损，使工作过程中间隙逐渐增大；对过盈配合来说，由于装配时将微观凸峰挤平，减小了实际有效过盈，降低了连接强度。

3. 影响疲劳强度。粗糙零件的表面存在较大的波谷，它们像尖角缺口和裂纹一样，对应力集中很敏感，从而影响零件的疲劳强度。

4. 影响耐腐蚀性。粗糙的零件表面，易使腐蚀性气体或液体通过表面的微观凹谷渗入金属内层，造成表面腐蚀。

5. 影响密封性。粗糙的表面之间无法严密地贴合，气体或液体会通过接触面间的缝隙渗漏。

想一想

表面粗糙度是不是越小越好？为什么？

6. 影响接触刚度。接触刚度是零件结合面在外力作用下，抵抗接触变形的能力。机器的刚度在很大程度上取决于各零件之间的接触刚度。

7. 影响测量精度。零件被测表面和测量工具测量面的表面粗糙度都会直接影响测量的精度，尤其是在精密测量时。

注意事项

表面粗糙度对零件的镀涂层、导热性和接触电阻、反射能力和辐射性能、液体和气体流动的阻力、导体表面电流的流通等都会有不同程度的影响。

三、测量表面粗糙度的方法有哪些？

1. 比较法

比较法测量方法简便，常用于车间现场测量，用于中等或较粗糙表面的测量。其方法是将被测量表面与标有一定数值的粗糙度比较样块（见图5-4-2）比较来确定被测表面粗糙度数值，根据视觉和触觉与被测表面比较，判断被测表面粗糙度相当于哪一数值。比较时可以采用的方法：Ra ＞ 1.6 μm 时用目测，Ra1.6～Ra0.4 μm 时用放大镜，Ra ＜ 0.4 μm 时用比较显微镜。

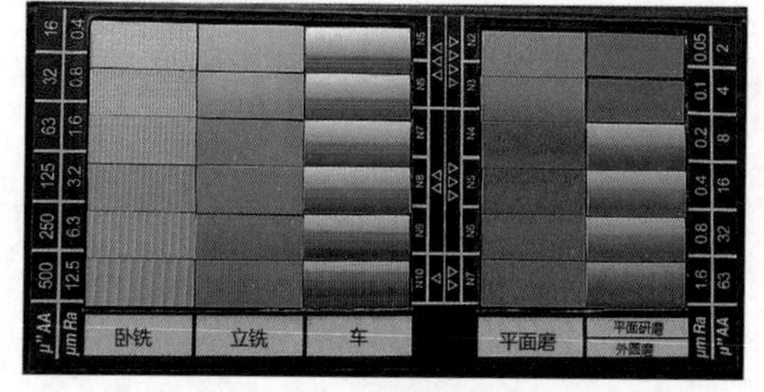

图 5-4-2 粗糙度比较样块

想一想

使用比较法检测零件表面粗糙度时，能否精确测得被测零件表面粗糙度的数值？

注意事项

比较时要求粗糙度比较样块的加工方法、加工纹理、加工方向、材料与被测零件表面相同。

2. 触针法

一般将仅能显示表面粗糙度数值的测量工具称为表面粗糙度测量仪，如图5-4-3所示。在测量工件表面粗糙度时，先将传感器搭放在工件被测表面上，然后启动仪器进行测量，由仪器内部的精密驱动机构带动传感器沿被测表面做等速直线滑行，传感器通过内置的锐利触针感受被测表面的粗糙度。此时工件被测表面的粗糙度会引起触针产生位移，该位移使传感器电感线圈的电感量发生变化，从而在相敏检波器的输出端产生与被测表面粗糙度成比例的模拟信号；该信号经过放大及电平转换之后进入数据采集系统，对采集的数据进行数字滤波和参数计算，测量结果在显示器上给出，如图5-4-4所示，也可在打印机上输出，还可以与电脑进行通信。

该仪器操作简便，功能全面，测量快捷，精度稳定，携带方便，能测量最新国际标准的主要参数。

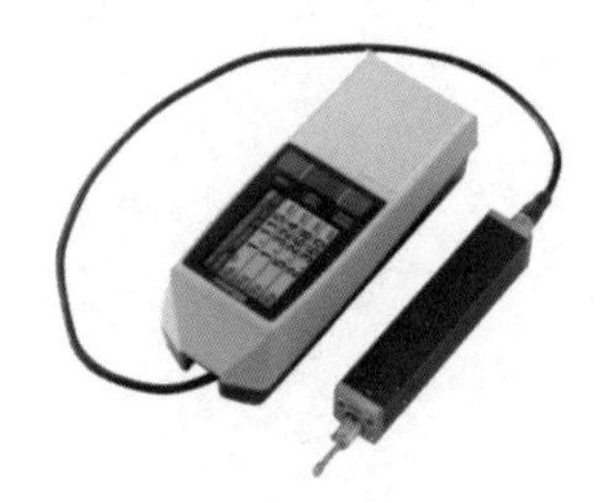
图 5-4-3 表面粗糙度测量仪

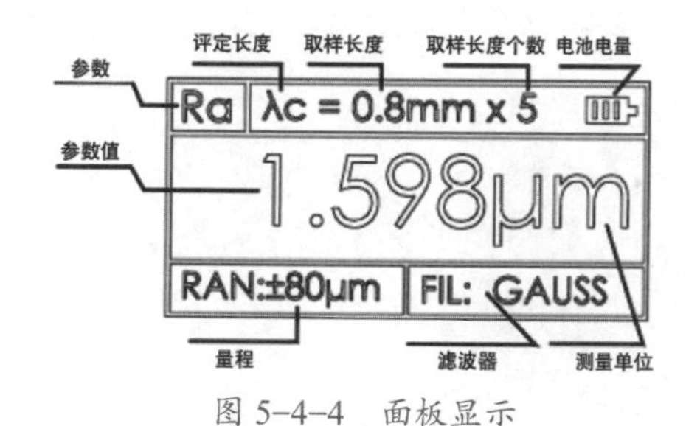

图 5-4-4 面板显示

想一想

用触针法检测斜面表面粗糙度时，应注意哪些方面？

利用针尖曲率半径为 2 μm 左右的金刚石触针沿被测表面缓慢滑行，金刚石触针的上下位移量由长度传感器转换为电信号，经放大、滤波、计算后由显示仪表指示出表面粗糙度数值，也可用记录器记录被测截面轮廓曲线。

同时能记录表面轮廓曲线的称为表面粗糙度轮廓仪，如图 5–4–5 所示。这两种测量工具都使用电子计算电路或电子计算机自动计算出轮廓算术平均偏差 Ra，微观不平度 + 点高度 Rz，轮廓最大高度 Ry 和其他多种评定参数，测量效率高，适用于测量 Ra 为 0.025 ~ 6.3 μm 的表面粗糙度。

注意事项

接触式测量，因保持测头与测量面垂直，所以压制量不宜过大。

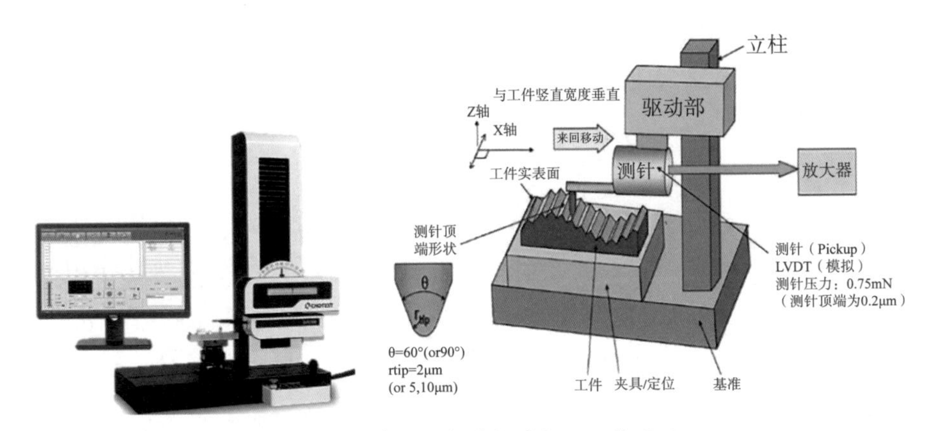

图 5–4–5　表面粗糙度轮廓仪及工作原理

3. 光切法

双管显微镜（见图 5–4–6）是根据光切法原理制成的光学仪器，一般用来测量表面不平度高度 Rz，其测量范围取决于选用的物镜放大倍数，通常适合于测量 Rz = 0.8 ~ 80 μm 的表面粗糙度（有时也可用来测量零件刻线的槽深等）。

光切法特点是在不破坏表面的状况下进行的，是一种间接测量方法，即要经过计算后才能确定纹痕的不平度。

图 5–4–6　双管显微镜

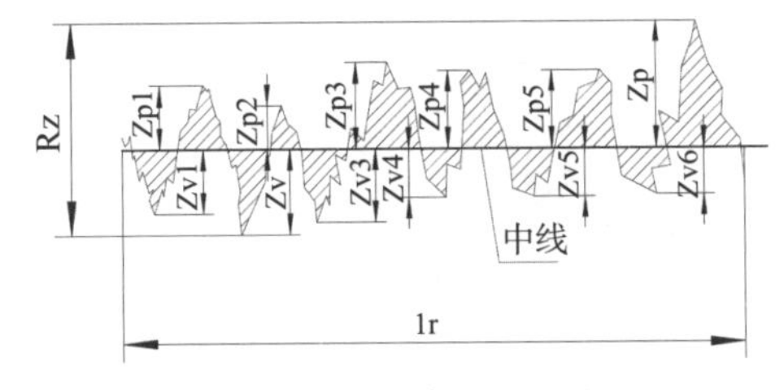

图 5–4–7　测量表面不平度 Rz

4. 干涉法

应用干涉法的表面粗糙度测量工具称为干涉显微镜（见图 5-4-8）。利用光波干涉原理（见平晶、激光测长技术）将被测表面的形状误差以干涉条纹图形显示出来，并利用放大倍数高（可达 500 倍）的显微镜将这些干涉条纹的微观部分放大后进行测量，可以将明场观察下无法检测的细微高低差，转化为高对比度的明暗差并以立体浮雕形式（见图 5-4-9）表现出来，以得出被测表面粗糙度。这种方法适用于测量 Rz 和 Ry 为 0.025 ~ 0.8 μm 的表面粗糙度。

想一想

接触测量和非接触测量的优劣势及适用场合。

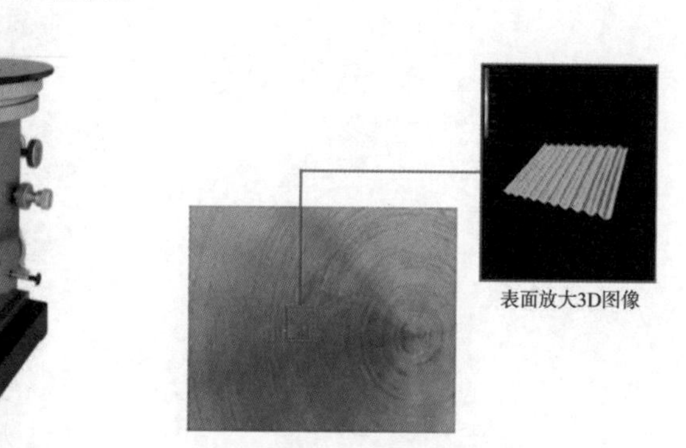

图 5-4-8 干涉显微镜 图 5-4-9 浮雕效果图

四、零件加工时应如何选择粗糙度测量方法？

1. 零件在加工中的检测（在线测量）：选用表面粗糙度比较样块。

在加工过程中，由于零件装夹在夹具上，加工未完成，不能卸下来检测，所以很难用检测仪器去检测。此时比较适合用表面粗糙度比较样块进行检测。把样块放到加工的零件旁边，用手摸，眼睛看，感觉哪个样块和要检测的零件粗糙程度比较接近，接近的那个样块上的粗糙度值就被认为是被测零件表面的粗糙度。

想一想

运用哪些小技巧可以提高表面粗糙度比较样块的判断精度？

注意事项

在对比过程中一定要选用加工方式、加工纹理、加工方向相同的样块。

2. 零件在加工结束后的检测（离线测量）：选用表面粗糙度测量仪。

零件加工结束后，将零件取下，摆正测量位置，根据零件的表面粗糙度合理选择检测仪器。表面粗糙度测量仪由于体积小、携带方便、操作简便、测量精度高，完全能满足机械加工常用零件的表面粗糙度的检测，为表面粗糙度检测的首选仪器。

检测 Ra0.8 表面粗糙度

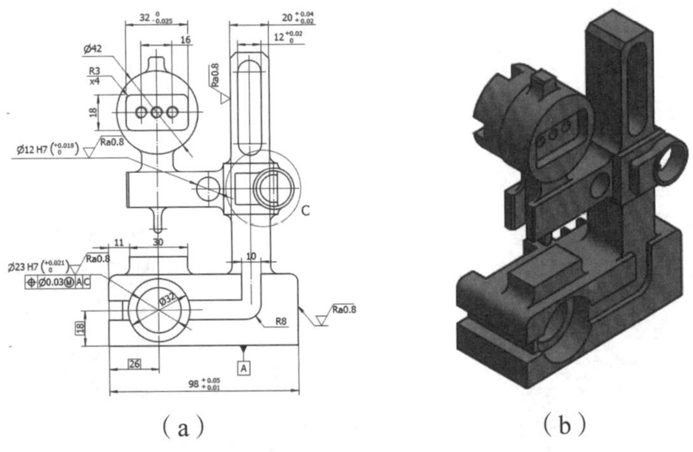

（a）　　　　（b）

图 5-4-10　零件检测区域

一、机床加工现场测量粗糙度

> **想一想**
>
> 表面粗糙度的检测为什么要放在半精加工结束后、精加工结束前进行？

现场检测表面粗糙度应在半精加工结束后、精加工结束前进行。由于测量条件限制，粗糙度的测量一般采用粗糙度比较样块进行观察、对比检测。可以根据检测的结果，调整切削参数，以达到合理的表面粗糙度。

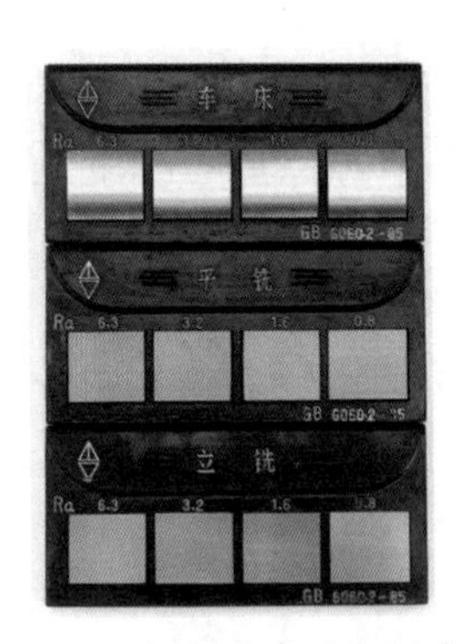

图 5-4-11　“平铣”表面粗糙度样块

本活动检测的 Ra0.8 表面粗糙度区域为铣刀侧刃加工，属于平铣，所以在粗糙度样块中选择“平铣”方式的样块（见图 5-4-11）作为比对依据。将样块并排放在检测区域旁，仔细观察，用手触摸，去感觉加工区域最接近样块中的数值，进行判断，预估粗糙度值。

注意事项

用粗糙度样块目测判断零件粗糙度，如果感觉目测不准，可以用偏平的探针（常用自动铅笔代替）沿着样块和零件纹路的垂直方向轻轻来回滑动，去实际感觉它们之间的振动大小是否接近，这样可以提高判断的准确性。

二、参数调整，进行零件精加工

根据步骤 1 预估的粗糙度值，调整切削进给速度，从而改变其表面粗糙度，以达到 Ra ≤ 0.8 μm（表面粗糙度 Ra 就是轮廓深度 Rt）。具体公式如下：

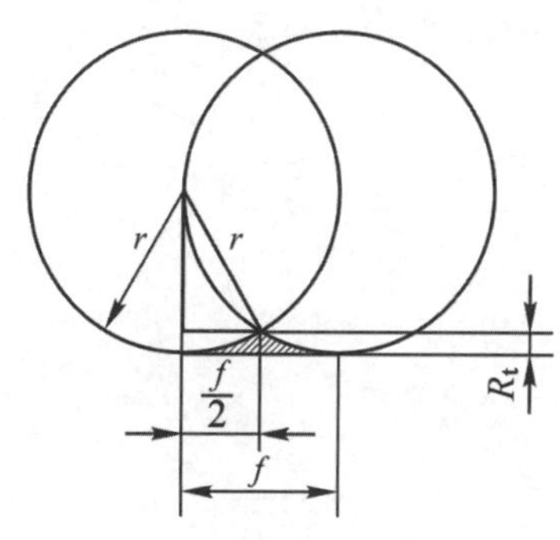

$$R_t=\frac{f^2}{8r}\times 1000$$

Rt：轮廓深度（μm）　*f*：进给量（mm/r）　*r*：刀尖圆弧半径（mm）

图 5-4-12　表面粗糙度与进给速度关系

想一想

根据公式，试分析表面粗糙度和刀具直径以及进给速度之间的关系。

如：目测零件表面粗糙度为 Ra = 1.6 μm，超差，要求 Ra = 0.8 μm，选用刀具直径 *D* = 10 mm 立铣刀，根据公式（见图 5-4-12），调整精加工走刀速度。

$f^2 = 0.8\times 8\times 10\div 1000$

$f^2 = 0.064$

$f = 0.253$

当理论值 *f* = 0.253 mm/r 时，零件的表面粗糙度为 Ra = 0.8 μm。现加工要求 Ra ≤ 0.8 μm，故 *f* ≤ 0.253 mm/r，保险起见，取 *f* = 0.2 mm/r 较为合理。

注意事项

由于用比较样块目测表面粗糙度不一定准确，所以在计算时取值要充分考虑，以免表面粗糙度超差。

三、加工完成（取下零件），用表面粗糙度仪检测

1. 测试前准备

（1）开机检查电池电压是否正常。

（2）擦净工件被测表面。

（3）将仪器正确、平稳、可靠地放置在工件被测表面正上方，如图 5-4-13 所示。测量圆柱形工件时，可将工件放在随机配置的 V 形块上。传感器的滑行轨迹必须垂直于工件被测表面的加工纹理方向，如图 5-4-14 所示。

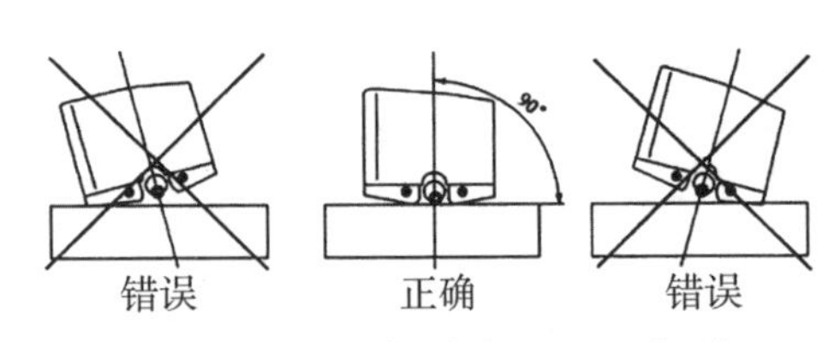

(a)前视图下粗糙度仪正误摆放

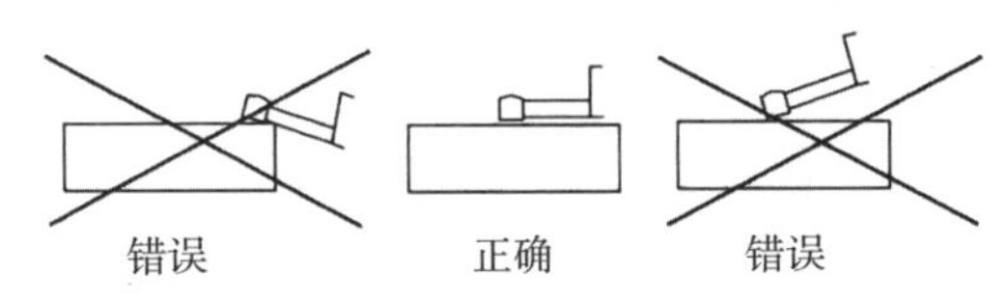

(b)侧视图下粗糙度仪正误摆放

图 5-4-13　粗糙度仪正误摆放位置

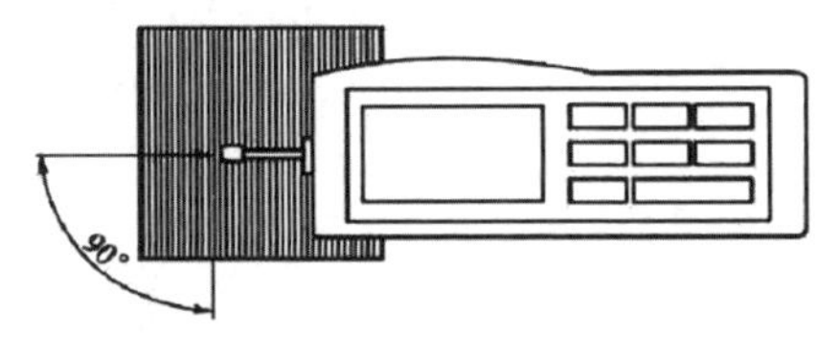

图 5-4-14　粗糙度仪正确测量方向

想一想

如果传感器的滑行轨迹没有垂直于被测表面的加工纹理方向会出现什么结果?

2. 调整

调整升降手轮,使传感器接近工件,当传感器即将接近工件时,一定要放慢传感器的下降速度,当传感器接触工件时,要仔细观察触针的位置,当触针处在零位附近时,即可测量。

3. 测量

基本测量状态:按下电源键,松开后仪器开机(见图 5-4-15),自动显示型号、名称及制造商信息,然后进入基本测量状态;在基本测量状态下可进行显示测量数值、显示触针位置等操作。

测量:按启动键开始测量(见图 5-4-16);传感器在被测表面上滑行;采样完毕后进行滤波处理;滤波完毕后进行参数计算;测量完毕,返回到基本状态,显示本次测量结果。

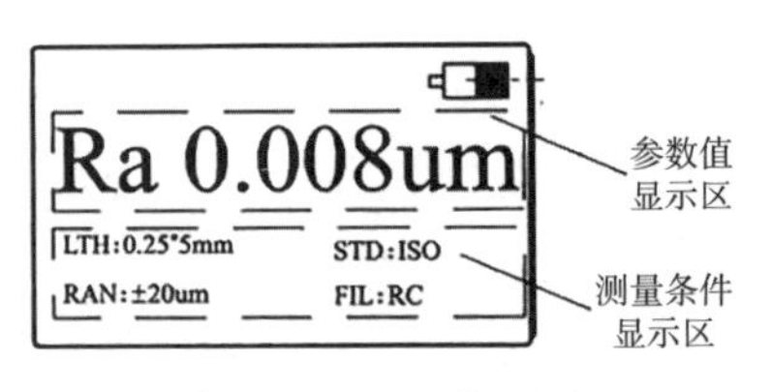

图 5-4-15　开机画面

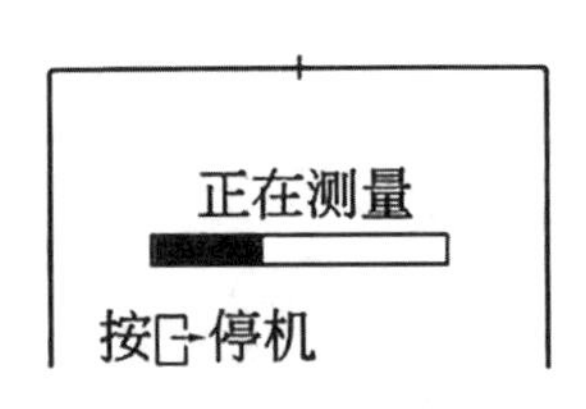

图 5-4-16　测量画面

注意事项

因为传感器是十分精密的部件,拆装操作不慎会遭到损坏,故建议在测量中集中使用,尽量减少拆装次数。

用表面粗糙度仪分段多次检测该区域表面粗糙度，并记录数值在表 5-4-1 中。

表 5-4-1　表面粗糙度检测数据记录表

测量截面	测量方位	读数
Ⅰ—Ⅰ	A—A′	
	B—B′	
Ⅱ—Ⅱ	A—A′	
	B—B′	
Ⅲ—Ⅲ	A—A′	
	B—B′	
合格性判断		

依据世赛评分要求，本任务的评分标准如表 5-4-2 所示。

表 5-4-2　任务评价表

序号	评价项目	评分标准	分值	得分
1	Ra0.8	粗糙度比较样块预估值与表面粗糙度仪实测值比较，超差 ± 0.5 μm 不得分	50	
2	表面粗糙度测量轨迹是否与加工纹路垂直	不垂直不得分	30	
3	粗糙度比较样块选择	选择不正确不得分	10	
4	仪器的保养	操作轻拿轻放，擦拭干净等，一处不合理扣 2 分，扣完为止	10	

想一想

测量表面粗糙度时，如果测量轨迹与加工纹路不一致，测量的数据是变大还是变小？为什么？

用三坐标测量机测量零件平行度，如图 5-4-17 所示。

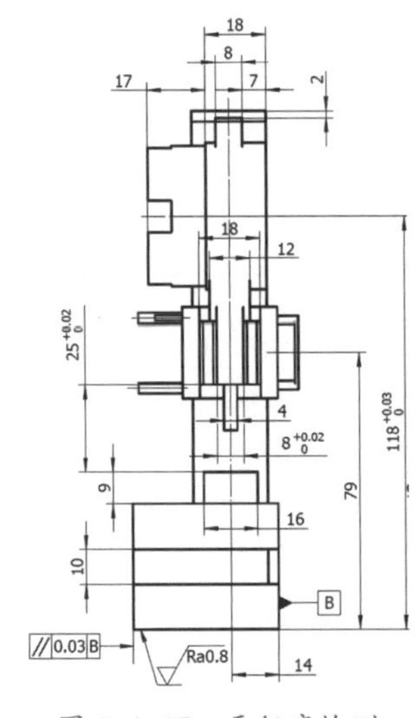

图 5-4-17　平行度检测

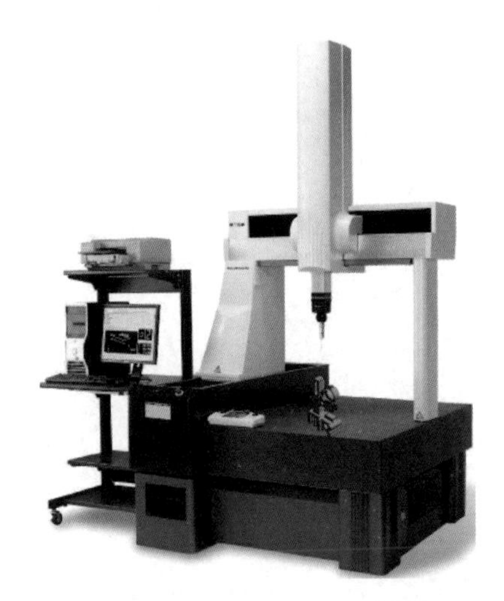

图 5-4-18　三坐标测量机

一、为什么选用三坐标测量机？

想一想

三坐标测量机的测量精度是否高于外径千分尺的测量精度？为什么？

如图 5-4-17 所示，左右两平面的平行度公差为 0.03 mm，传统的测量手段都是测量几何尺寸，很难测量形位误差，这时就要使用三坐标测量机，如图 5-4-18 所示。三坐标测量机是目前世界技能大赛测量的标准测量仪器，实现自动检测，不存在人为因素的测量误差和差错，最大限度保证了比赛的公平性。不仅如此，三坐标测量机以其测量效率高、精度高、适应性强等优点，广泛应用于机械制造、仪器制造、电子工业、汽车及航空等工业部门，用于零部件的几何尺寸、形位误差的测量。

想一想

三坐标测量机的工作台面为什么一定为大理石台面？

> **注意事项**
>
> 三坐标测量机对测量外部条件要求很严格，温度一般要控制在 22±2℃，湿度 45%～70% 范围以内。

二、三坐标测量机的工作原理是什么？

三坐标测量机是将被测零件放入它允许的测量空间，精确地测出被测零件表面的点在空间直角坐标系三个方向的坐标数值，将这些点的坐标数值经过计算机数据处理，拟合形成测量元素，如线、平面、圆、球、圆柱、圆锥、曲面等，经过数学计算的方法得出其形状、位置公差及其他几何量数据。

三、怎样用三坐标测量机测量零件参数？

由于三坐标测量机强大的取点功能和计算方式，使得三坐标测量机在机械加工中应用十分广泛，包括零件尺寸精度、定位精度、几何精度及轮廓精度测量等。

在日常教学和比赛过程中，常用三坐标测量机来测量零件的尺寸精度和几何精度，如表 5-4-3 所示。现以测量平行度为例，讲解三坐标测量机的使用方法以及使用中应注意的细节。

表 5-4-3　三坐标测量机常见的测量要素

分类	测量特征	符号	至少取点数	有无基准	取点简图
尺寸精度	点	⊕	1	无	
	直线	—	2	无	
	平面	▱	3	无	
	圆	○	3	无	
	球		4	无	
	圆柱	⌭	6	无	
几何精度	平行度	//	6（两个面）	有	
	垂直度	⊥	6（两个面）	有	
	倾斜度	∠	6（两个面）	有	

面的平行度的计算结果是两个平行平面之间的区域，而不是通常意义上理解的角度。用三坐标测量机测量平行度的具体操作方法如下：

（1）基准面空间采点（取相隔尽可能远的三个点，确保所测面积尽可能地大，计算出来的精度也就越高），形成基准平面。

提示

三坐标拥有强大的取点和计算能力，所以能测量出很多常规测量无法测量的尺寸，且精度高，人为误差小。

想一想

试分析用三坐标测量机测量两个面垂直度的方法。

（2）在被检测面空间选取尽可能远的三个点，形成被检测平面。

（3）通过三坐标测量机测量软件计算出参数 t（见图 5–4–19），这就是两平面的平行度。

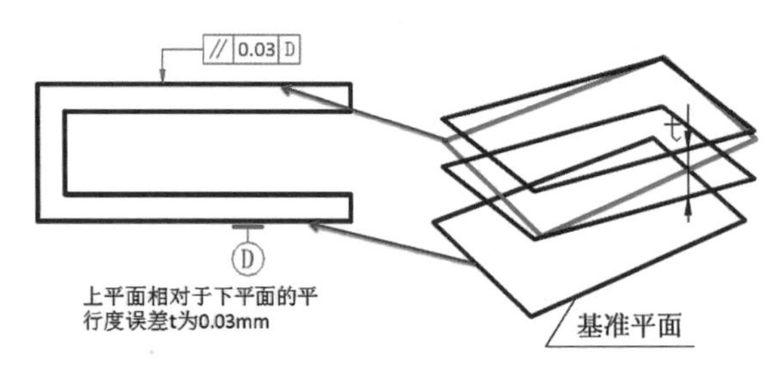

图 5–4–19　两平面平行度的计算原理图

为了使测量结果更准确、可靠，须注意以下几点：

（1）当测量的面比较窄时，容易造成取点时方向矢量存在重复性误差，所以要尽量避免这种情况，尽量使测量面的范围大一些。

（2）在无法避免的时候，要适当增加测量点数，以求避免个别测点影响方向矢量的情况。这种方法也适用于测量小于 1/4 圆的圆弧的情形。

（3）用测量面对线或线对线的方法替代面对面的测量方法。这种方法需要测量的方向和测量长度方向一致，比较真实地反映零件的真实情况而不会放大测量误差。通过计算角度可以直观地了解零件误差产生的原因，便于提供返修意见。在一条线不能反映全部垂直或平行的时候，可以根据需要多测量几条线。

提示

根据零件图的标注，在用三坐标测量机进行平行度和垂直度测量时，除了要选择正确的基准面以外，还要在两平面上取点时要确保所取 3 点构成的面积尽可能地大。

注意事项

要计算线与线垂直度或平行度时，应将线投影至公共平面。

思考与练习

1. 叙述表面粗糙度仪的工作原理。

2. 计算 D10 铣刀，加工表面粗糙度为 Ra3.2 的零件侧面的走刀速度 f 值。

3. 技能训练：用三坐标测量机测量两平面的垂直度。

附录 《数控铣》职业能力结构

模块	任务	职业能力	主要知识
1. 识读零件图	1. 识读技术要求与标题栏	1. 能根据零件图上的技术要求和标题栏，明确零件图的名称、材料、比例、公差要求等重要信息； 2. 能正确识读零件图中尺寸标注、常见的符号，知道缩略词的含义，达到世界技能大赛标准中有关识读尺寸标注的要求； 3. 能明确机械零件图上常用的英语单词及短语的含义，读懂零件图中技术要求的含义，达到世界技能大赛中有关识读标题栏的要求； 4. 养成严谨细致、一丝不苟、精益求精的工匠精神以及规则意识和标准意识	1. 图纸幅面的概念； 2. 零件图技术要求包含的要素； 3. 技术要求的识读规则； 4. 标题栏的识读规则
	2. 识读零件图的结构与特征	1. 能通过第三视角画法的投影规律，学会视图展开方法，明确第一视角画法和第三视角画法的主要区别； 2. 能通过分析视图表达方案，明确各视图的方位关系，读懂零件图，想象出零件的立体结构； 3. 能识读零件尺寸及技术要求； 4. 能分析零件图中的特殊结构，如零件上倒角、细长轴、沉孔、薄壁等结构特征的表达方法和注法； 5. 养成严谨细致、一丝不苟、精益求精的工匠精神以及规则意识和标准意识	1. 第三视角画法的特点； 2. 第三视角与第一视角画法区分的方法； 3. 第三视角零件图的识读方法
	3. 识读剖视图、断面图和轴测图	1. 能分析第三视角投影法中的辅助视图、局部视图的视图配置及标注； 2. 能分析第三视角投影法中剖视图和断面图的视图配置及标注； 3. 能分析第三视角投影法中轴测图，构想三维模型； 4. 养成严谨细致、一丝不苟、精益求精的工匠精神以及规则意识和标准意识	1. 局部特征的概念； 2. 剖视图的特点； 3. 断面图的特点； 4. 轴测图的特点

（续表）

模块	任务	职业能力	主要知识
1. 识读零件图	4. 识读几何公差与表面粗糙度	1. 能识读 ISO 国际标准的标注图形符号及附加符号，区分与国内常用符号的异同点； 2. 能知道第三视角投影法中粗糙度及形位公差标注与第一视角画法的区别； 3. 能根据零件图中所标注的几何公差与表面粗糙度，分析形状位置和表面结构的要求； 4. 能识读几何公差与表面粗糙度，知道几何公差与表面粗糙度对零件质量的影响； 5. 养成严谨细致、一丝不苟、精益求精的工匠精神以及规则意识和标准意识	1. 表面粗糙度的概念及标注形式； 2. 表面纹理的标注形式； 3. 几何公差的概念及符号； 4. 几何公差的标注方法
2. 分析零件典型特征制定加工工艺	1. 制定薄壁和细长轴特征零件的加工工艺	1. 能根据零件图和实物，识别薄壁、细长轴特征，简述其加工难点和缺陷； 2. 能根据零件材料、薄壁、细长轴特征，制定合理的铣削加工工艺； 3. 能根据已加工零件上薄壁、细长轴特征的尺寸与形状误差，及时调整工艺、刀具以及切削参数，编制出合格加工工艺单； 4. 养成严谨细致、一丝不苟、精益求精的工匠精神以及独立分析能力	1. 薄壁、细长轴特征的辨别方法； 2. 影响切削力、切削热的因素； 3. 铣削方式； 4. 提高薄壁、细长轴特征加工精度的方法； 5. 分析薄壁、细长轴特征零件的加工工艺； 6. 刚性和刚度的特点
	2. 制定异形特征零件的加工工艺	1. 能根据零件图区分异形特征，判别异形中的易变形特征； 2. 能根据用途、现场工件定位和夹持条件等，制定合理的铣削加工工艺； 3. 能通过零件特征，设定粗、精加工切削参数；如产生尺寸偏差，会及时调整切削参数； 4. 能根据零件的异形特征，制定铣削加工工艺； 5. 养成严谨细致、一丝不苟、精益求精的工匠精神以及独立分析能力	1. 异形、易变形特征的辨别方法； 2. 易变形特征的种类； 3. 控制易变形特征的尺寸精度和形位公差的方法； 4. 制定异形、易变形特征零件的加工工艺
	3. 制定孔系特征零件的加工工艺	1. 能根据孔系特征制定孔加工工艺； 2. 能根据螺纹孔尺寸，查表确定精度，分析与编制加工工艺； 3. 养成严谨细致、一丝不苟、精益求精的工匠精神以及独立分析能力	1. 常见孔的类型； 2. 镗孔的方法； 3. 螺纹铣刀加工螺纹孔的方法； 4. 制定孔系特征零件的加工工艺

（续表）

<table>
<tr><th>模块</th><th>任务</th><th>职业能力</th><th>主要知识</th></tr>
<tr><td rowspan="3">3. 建立模型与自动编程</td><td>1. 绘制2D线框与3D建模</td><td>1. 能使用CAM软件的各种功能指令；
2. 能根据零件图要求正确快速绘制2D线框；
3. 能根据零件图要求正确快速建立3D实体模型；
4. 养成严谨细致、一丝不苟、精益求精的工匠精神以及对新知识、新技能迁移学习的能力</td><td>1. 2D线框的概念；
2. 2D线框的构建方法；
3. 3D建模的概念；
4. 3D建模的绘制方法</td></tr>
<tr><td>2. 编制刀路与自动编程</td><td>1. 能够熟练使用CAM软件的编程指令，并学会这些指令的实际应用；
2. 能根据切削手册设置最佳切削参数；
3. 能正确生成刀路，完成2D或3D切削模拟，并根据模拟结果进行正确修改；
4. 养成严谨细致、一丝不苟、精益求精的工匠精神以及对新知识、新技能迁移学习的能力</td><td>1. 编制刀路的原理；
2. 自动编程的概念；
3. 常用编制刀路的功能</td></tr>
<tr><td>3. 后处理与程序优化</td><td>1. 能根据加工要求正确快速修改后处理；
2. 能根据加工要求正确快速生成程序；
3. 养成严谨细致、一丝不苟、精益求精的工匠精神以及对新知识、新技能迁移学习的能力</td><td>1. 后处理的概念；
2. 后处理路径的寻找方法；
3. 程序生成的顺序</td></tr>
<tr><td rowspan="2">4. 加工零件</td><td>1. 安全文明生产</td><td>1. 能按规范要求正确穿戴个人劳防用品；
2. 能按要求做好加工过程中的设备安全检查；
3. 能识别数控机床工作场所中的各种安全标志；
4. 养成严谨细致、一丝不苟、精益求精的工匠精神以及良好的安全责任意识</td><td>1. 个人安全防护的内容；
2. 安全防护用品种类；
3. 设备安全防护的内容；
4. 工作环境安全防护的内容</td></tr>
<tr><td>2. 安装液压平口钳与制作软钳口</td><td>1. 能正确快速地安装液压平口钳；
2. 能正确快速地校正液压平口钳；
3. 能根据零件特征设计、制作软钳口；
4. 养成严谨细致、一丝不苟、精益求精的工匠精神及产品质量意识</td><td>1. 液压平口钳的特点；
2. 液压平口钳的安装方法；
3. 软钳口的加工方法</td></tr>
</table>

（续表）

模块	任务	职业能力	主要知识
4. 加工零件	3. 加工比测台零件	1. 能依据比测台零件图中的精度要求安装和校正零件； 2. 能根据比测台零件材料正确选用刀具； 3. 能根据比测台零件加工的工艺流程，完成零件加工； 4. 养成严谨细致、一丝不苟、精益求精的工匠精神及产品质量意识	1. 比测台零件加工工艺的编制方法； 2. 比测台零件的加工方法； 3. 加工基准的选择方法； 4. 定位基准的特点
5. 测量零件	1. 测量轮廓尺寸	1. 能根据零件图上的尺寸精度、形状选用合适的量具测量； 2. 能校正外径千分尺、游标卡尺等量具的零位； 3. 能熟练使用外径千分尺、游标卡尺等量具测量外轮廓尺寸； 4. 养成严谨细致、一丝不苟、精益求精的工匠精神以及养成规范摆放量具的职业素养	1. 基本尺寸和极限尺寸的功能； 2. 实际尺寸的概念； 3. 尺寸公差的计算方法； 4. 游标卡尺的结构与测量方法； 5. 外径千分尺的结构与测量方法
	2. 测量内孔尺寸	1. 能掌握内孔的测量方法； 2. 能根据内孔的精度选用合理的量具； 3. 能校正三爪内径千分尺； 4. 养成严谨细致、一丝不苟、精益求精的工匠精神以及规范使用量具的职业素养	1. 测量内孔直径量具的选择原则； 2. 内测千分尺的结构与测量方法； 3. 内径百分表的测量方法； 4. 三爪内径千分尺的测量方法； 5. 内径千分尺的结构与测量方法； 6. 光滑塞规的测量方法
	3. 测量深度尺寸	1. 能掌握百分表的结构和原理； 2. 能熟练使用深度千分尺、百分表等量具测量深度尺寸； 3. 能分析测量深度尺寸误差的因素； 4. 养成严谨细致、一丝不苟、精益求精的工匠精神以及规范摆放量具的职业素养	1. 深度游标卡尺的结构与测量方法； 2. 深度千分尺的结构与测量方法； 3. 百分表测量深度的方法
	4. 测量表面粗糙度	1. 能掌握零件表面粗糙度的测量方法； 2. 会用对比法目测零件表面粗糙度； 3. 能正确使用便携式粗糙度仪来测量零件的表面粗糙度； 4. 能根据不同的加工手段来选择表面粗糙度的判定标准； 5. 养成严谨细致、一丝不苟、精益求精的工匠精神以及认真仔细的工作态度	1. 表面粗糙度对机械产品的影响因素； 2. 测量表面粗糙度的方法； 3. 三坐标测量机的特点； 4. 三坐标测量机的工作原理

编写说明

《数控铣》世赛项目转化教材是上海市工业技术学校联合本市相关职业院校、行业专家，按照上海市教委教学研究室世赛项目转化教材研究团队提出的总体编写理念、教材结构设计要求，共同完成编写的。本教材可作为职业院校数控技术应用相关专业的拓展和补充教材，建议在完成主要专业课程教学后，在专业综合实训或顶岗实践教学活动中使用。

本书由上海市工业技术学校鲁华东、庄瑜担任主编，负责教材内容设计和组织协调工作。教材具体编写分工：鲁华东编写模块一（任务 1），庄瑜编写模块四，上海市工业技术学校常玉成编写模块二，上海工商信息学校马明娟编写模块一（任务 3、任务 4），上海市工程技术管理学校张斌编写模块五（任务 1、任务 2、任务 3），上海市工业技术学校周为苏编写模块三，上海市大众工业学校王文强编写模块五（任务 4），上海市工业技术学校王晋编写模块一（任务 2）。全书由鲁华东、庄瑜统稿。

在编写过程中，得到上海市教委教研室谭移民老师的悉心指导，以及同济大学蔡跃、上海第二工业大学张飞、上海市工业技术学校王立刚、上海石化工业学校徐卫东等多位专家鼎力支持，上海数林软件有限公司朱松总经理、姚龙老师帮助收集材料、拍摄照片，在此一并表示衷心感谢。

欢迎广大师生、读者提出宝贵意见和建议。

图书在版编目（CIP）数据

数控铣 / 鲁华东，庄瑜主编. — 上海：上海教育出版社，2022.8
ISBN 978-7-5720-1647-9

Ⅰ. ①数… Ⅱ. ①鲁… ②庄… Ⅲ. ①数控机床－铣床－中等专业学校－教材 Ⅳ. ①TG547

中国版本图书馆CIP数据核字(2022)第155163号

责任编辑 汪海清
书籍设计 王 捷

数控铣
鲁华东 庄 瑜 主编

出版发行 上海教育出版社有限公司
官 网 www.seph.com.cn
地 址 上海市闵行区号景路159弄C座
邮 编 201101
印 刷 上海普顺印刷包装有限公司
开 本 787 × 1092 1/16 印张 13
字 数 284 千字
版 次 2022年8月第1版
印 次 2022年8月第1次印刷
书 号 ISBN 978-7-5720-1647-9/G·1521
定 价 46.00 元

如发现质量问题，读者可向本社调换 电话：021-64373213